LIBRARY 工学基礎 & 高専TEXT

E3

微分積分問題集
［第2版］

河東泰之●監　修
佐々木良勝／鈴木香織／竹縄知之●共編著

数理工学社

LIBRARY 工学基礎 & 高専 TEXT について

LIBRARY 工学基礎 & 高専 TEXT は 2012 年から 2015 年にかけて『基礎数学』,『線形代数』,『微分積分』,『応用数学』を刊行した．そして，このたび改訂の第 1 弾として，『基礎数学 [第 2 版]』を出版することとなった．この後,『線形代数 [第 2 版]』(2022 年秋),『微分積分 [第 2 版]』(2023 年秋),『応用数学 [第 2 版]』および新たに『確率統計』(2024 年秋）と刊行を続けていく予定であり，また『応用数学』を除いた教科書には，それぞれに対応した問題集（の第 2 版）も別に出版される．

数学があらゆる科学技術の基礎であるということはよく言われる．しかし，小学校低学年で習う算数が日常生活で必要なことは誰の目にも明らかなのに対し，より進んだ数学が，どのように実社会で有用なのかは，残念ながらそれほどわかりやすくはない．だが実際に数学，特に本ライブラリが対象としているような数学は日常生活のあらゆる面で（多くの場合表面からは直接見えない形で）使われているのである．これらの数学がなければ，携帯電話はつながらないし，飛行機も飛ばないし，AI ソフトも動かないし，病気治療の有効性も判定できないのである．もし数学という手段を持っていなかったとしたら，我々は今でも江戸時代と変わりないような生活をしていることであろう．

コンピュータ技術の爆発的な進展に伴い，数学的な考え方の重要性もまた飛躍的に高まっている．最近社会的インパクトが盛んに強調されるデータサイエンスの基礎も数学の塊である．世界の人類は今もさまざまな危機にさらされているが，社会の構成員がどれだけのレベルの数学的理解を持っているかどうかに，我々の未来はかかっているのである．

そこで本ライブラリは，そのような未来を切り開く数学の力を身につける大きな手助けとなるようにと書かれたものである．最も基礎的なところから始め，丁寧な解説を加えて一歩ずつ進んでいくことを心がけた．これによって，単なる目先の試験だけではなく，一生使っていける数学の深い知識が身につくようになることを目指したものである．数学を理解するという深い楽しみと喜びを味わってもらえるように願っている．

2021 年秋　　　　監修者　河東　泰之

第２版まえがき

数学は知識の体系であると同時に技術の体系でもあり，音楽・スポーツ・武道・技芸・遊戯などと同様，その十全な運用にはある程度の習熟が必要となる．

本ライブラリの問題集では，学習者が教科書の学習によって得た知識の運用に習熟し，実践にたえ得る十全な運用力を身につけるために必要十分な量の演習問題を準備し，習熟度の階梯に沿って易しい方から順に次の３つに分類した．

A 問題：教科書に載っている事項を適用すればできる問題．

B 問題：ひとひねりした応用問題．適当な例題が付されている．

C 問題：大学編入試験問題およびそれに準じるレベルの発展問題．

音楽や運動に例えるなら，A 問題は反復練習すべき基本，B 問題は基本を組み合わせた一連の動作の練習である．例題は指導者の実演に相当する．よく見ること・まねることも稽古のうちである．C 問題はいうなれば舞台や試合である．

改訂にあたり，基本方針は堅持しつつ，より見やすい構成になるよう全面的に見直した．また，例題，問題の難易度を見直し，基本的な問題を充実させた．

微分積分（calculus）は，理工学において最も重要であり，自然科学や社会科学，情報科学などの科学に欠くことのできない数学的技法といえる．本巻では，その基礎的な計算の習得，理工学への応用とそのつながりがわかるよう配慮している．微分積分を学ぶことにより，応用分野への理解がより深まり，その素地となり，学問の視野が広がる手助けとなるだろう．今回の改訂において，演習問題の見直し，微分方程式などの内容をより充実させた．

小さめの文字のメモおよびマーキングによって，理解しづらい部分，間違いやすい部分などがわかるようになっているのも本ライブラリを通しての特徴である．

幾分高度な証明や内容には♣を付し，本文よりひとまわり小さい文字で記述している．これにより授業の進度に合わせ取扱いの選択ができるよう配慮した．

この出版計画に際してお声をお掛けくださり，またご監修いただいた東京大学の河東泰之先生に，この場を借りて敬愛と感謝の念を表したい．

2023 年秋　　編著者・執筆者一同

第２版刊行にあたり小山工業高等専門学校の岡田崇先生から貴重なご意見・ご指摘をいただきました．監修者・編著者・著者，編集部一同より厚く御礼を申し上げます．

目　　次

5　偏　微　分

6　重　積　分

教はその問題に対して教科書『微分積分［第 2 版］』の参考となる問，例題などです．

C 発展問題の解答はサイエンス社・数理工学社ホームページ
https://www.saiensu.co.jp
のサポートページ（右の QR コード）にあります．

1 数列と極限

1.1 等差数列と等比数列

等差数列　初項 a，公差 d の等差数列 $\{a_n\}$ の

一般項は $a_n = a + (n-1)d$　← **等差数列は初項 a と公差 d だけで決まる**

数列を書き下すと

$$a,\quad a+d,\quad a+2d,\quad a+3d,\quad \ldots,\quad a+(n-1)d,\quad \ldots$$

$$+d \qquad +d \qquad +d \qquad +d \qquad +d \qquad \cdots \qquad +d$$

等差数列の和　初項 a，公差 d の等差数列 $\{a_n\}$ の初項から第 n 項 $a_n = l$ までの和 $S_n = a_1 + \cdots + a_n$ は

第 n 項　$l = a+(n-1)d$

$$S_n = \frac{n(a+l)}{2} = \frac{n\{2a+(n-1)d\}}{2}$$

等比数列　初項 a，公比 r の等比数列 $\{a_n\}$ の

一般項は $a_n = ar^{n-1}$　← **等比数列は初項 a と公比 r だけで決まる**

数列を書き下すと

$$a,\quad ar,\quad ar^2,\quad ar^3,\quad \ldots,\quad ar^{n-1},\quad \ldots$$

$$\times r \qquad \times r \qquad \times r \qquad \times r \qquad \times r \qquad \cdots \qquad \times r$$

等比数列の和　初項 a，公比 r の等比数列の和 $S_n = a_1 + \cdots + a_n$ は

$r \neq 1$ のとき　$S_n = \dfrac{a(1-r^n)}{1-r} = \dfrac{a(r^n-1)}{r-1}$

$r = 1$ のとき　$S_n = \underbrace{a + a + \cdots + a}_{n\text{ 個}} = na$

← **場合分けが必要であることに注意！**

■**注意**　本章では実数値の数列のみ取り扱う．

A

1 次の等差数列の一般項を求め，□ にあてはまる数を決定せよ．　◀教問 1.1

(1) □, 7, □, □, 19, …　　(2) □, □, 7, □, -7, …

2 次を満たす等差数列について初項，公差，一般項のうち欠けているものを求め，最初の 5 項を書き下してみよ．　◀教問 1.1

(1) 初項 3，公差 -2　　(2) 初項 0，第 5 項が -4

(3) 第 2 項が 2，第 4 項が 8　　(4) 公差 -2，第 3 項が -5

(5) $11, \ldots, 55, 66, \ldots$　　(6) 一般項が $5 - 12n$

3 次の数列が等差数列であることを示し，その初項と公差を求めよ．

(1) 一般項 $a_n = 5 - 3n$ の数列 $\{a_n\}$　◀教問 1.2

(2) 一般項 $b_n = 12n - 25$ の数列 $\{b_n\}$

4 次を満たす等差数列の初項から第 n 項までの和を求めよ．　◀教問 1.3

(1) 初項 3，公差 -2　　(2) 初項 0，第 5 項が -4

(3) 第 2 項が 2，第 4 項が 8　　(4) 公差 -2，第 3 項が -5

(5) $11, \ldots, 55, 66, \ldots$　　(6) 一般項が $5 - 12n$

5 次の等比数列の一般項を求め，□ にあてはまる数を決定せよ．　◀教問 1.4

(1) □, 3, □, □, 9, …　　(2) □, □, -7, □, -7, …

6 次を満たす等比数列について初項，公比，一般項のうち欠けているものを求め，最初の 5 項を書き下してみよ．　◀教問 1.4

(1) 初項 3，公比 3　　(2) 初項 1，第 5 項が $\dfrac{1}{16}$

(3) 第 2 項が 3，第 4 項が 27　　(4) 公比 -1，第 3 項が 4

(5) $1, \ldots, 81, 243, \ldots$　　(6) 一般項が $3\left(\dfrac{1}{2}\right)^{n-1}$

7 次を満たす等比数列の初項から第 n 項までの和を求めよ．　◀教問 1.5

(1) 初項 $\sqrt{2}$，公比 $\sqrt{2}$　　(2) 初項 1，第 4 項が -27

(3) 第 2 項が $\dfrac{1}{3}$，第 5 項が $\dfrac{1}{81}$　　(4) 公比 -1，第 3 項が 3

B

例題 1.1　一般項が $a_n = 21 - 4n$ で与えられる数列 $\{a_n\}$ について

(1)　この数列が等差数列であることを示し，初項，公差を求めよ．

(2)　第何項から負となるか．

(3)　-4 はこの数列に含まれるか．

(4)　初項から -15 までの項数と和を求めよ．

(5)　初項からの和が正なのは第何項までか．

解　(1)　$a_{n+1} - a_n = \{21 - 4(n+1)\} - \{21 - 4n\} = -4$. 差が一定なので等差数列である．$a_1 = 21 - 4 \times 1 = 17$ より，初項 17，公差 -4

(2)　$a_n = 21 - 4n < 0 \quad \Leftrightarrow \quad n > \dfrac{21}{4} = 5.25$

これを満たす最小の自然数は 6 だから，この数列は第 6 項から負．

(3)　$a_n = 21 - 4n = -4 \quad \Leftrightarrow \quad n = \dfrac{25}{4} = 6.25$

これは自然数でないから，-4 はこの数列に含まれない．

(4)　$a_n = 21 - 4n = -15 \quad \Leftrightarrow \quad n = \dfrac{36}{4} = 9$

よって -15 は第 9 項．初項から第 9 項までの和は $\dfrac{9(17-15)}{2} = 9$

(5)　第 n 項までの和

$$S_n = \frac{n\{2 \cdot 17 + (n-1)(-4)\}}{2} = n(19-2n) > 0 \quad \Leftrightarrow \quad 0 < n < \frac{19}{2} = 9.5$$

これを満たす最大の自然数は 9 だから，和が正なのは第 9 項まで．■

例題 1.2　2 桁の自然数のうち，3 の倍数の和を求めよ．また 3 の倍数だが 5 の倍数でないものの和を求めよ．

解　2 桁の 3 の倍数で最も小さいのは $12 = 3 \times 4$，最も大きいのは $99 = 3 \times 33$. 初項 12，公差 3，末項 99 の等差数列の項数 n は $99 = 12 + (n-1) \cdot 3 = 3n + 9$ より $n = \dfrac{99-9}{3} = 30$. よって初項から第 30 項までの和は

$$S = \frac{30(12+99)}{2} = 1665$$

5の倍数を除くには，上記の S から $\underset{\text{3の倍数かつ5の倍数}}{\underline{15\text{の倍数}}}$ の和 T を引けばよい．2桁の15の倍数で最も小さいのは $15 = 15 \times 1$，最も大きいのは $90 = 15 \times 6$

初項15，公差15，末項90の等差数列の項数 n は

$$90 = 15 + (n-1) \cdot 15 = 15n$$

より $n = 6$．よって初項から第6項までの和は

$$T = \frac{6(15+90)}{2} = 315$$

ゆえに $S - T = 1350$ ■

8　一般項が $a_n = 12 - 5n$ で与えられる数列 $\{a_n\}$ について

(1)　この数列が等差数列であることを示し，初項，公差を求めよ．

(2)　第何項から負となるか．

(3)　-4 はこの数列に含まれるか．

(4)　初項から -13 までの項数と和を求めよ．

(5)　初項からの和が正なのは第何項までか．

9　一般項が $a_n = 2^{n+1} \cdot 5^{1-n}$ で与えられる数列 $\{a_n\}$ について

(1)　この数列が等比数列であることを示し，初項，公比を求めよ．

(2)　第何項から1以下となるか．

(3)　$\dfrac{32}{125}$ はこの数列に含まれるか．

(4)　初項から第 n 項までの和を求めよ．

(5)　初項から第 n 項までの和が6.5以下となる最大の n を求めよ．

10　3桁で200以下の自然数のうち，次を満たすものの和を求めよ．

(1)　3の倍数だが4の倍数でないもの

(2)　7の倍数だが5の倍数でないもの

(3)　3と7の倍数であって奇数のもの

(4)　3で割ると2余る7の倍数

1.2　いろいろな数列とその和

数列の和と一般項　数列 $\{a_n\}$ の初項から第 n 項までの和を S_n とおくと

$$a_1 = S_1, \quad a_n = S_n - S_{n-1} \quad (n \geqq 2)$$

Σの性質　次が成り立つ．

$$\sum_{k=1}^{n} ca_k = c\sum_{k=1}^{n} a_k$$

$$\sum_{k=1}^{n} a_k + \sum_{k=1}^{n} b_k = \sum_{k=1}^{n} (a_k + b_k)$$

注意　次は成り立たない．

$$\sum_{k=1}^{n} a_k b_k \neq a_k \sum_{k=1}^{n} b_k$$

左辺は k によらないが，右辺は k による．

$$\sum_{k=1}^{n} a_k b_k \neq \sum_{k=1}^{n} a_k \sum_{k=1}^{n} b_k$$

反例：$a_1b_1 + a_2b_2 \neq (a_1 + a_2)(b_1 + b_2)$

整式型の和の基本

(1)　$\displaystyle\sum_{k=1}^{n} 1 = n$　　(2)　$\displaystyle\sum_{k=1}^{n} k^2 = \frac{n(n+1)(2n+1)}{6}$

(3)　$\displaystyle\sum_{k=1}^{n} k = \frac{n(n+1)}{2}$　　(4)　$\displaystyle\sum_{k=1}^{n} k^3 = \left\{\frac{n(n+1)}{2}\right\}^2$

指数型の和

$$S_n = \sum_{k=1}^{n} kr^{k-1}$$

のように指数に k がある場合は $S_n - rS_n$ を計算してみるとよい．

分数型の和

$$S_n = \frac{1}{k(k+1)} = \frac{1}{k} - \frac{1}{k+1}$$

のように部分分数に分解して差の形に直すとよい．

A

11　初項から第 n 項までの和 $S_n = a_1 + \cdots + a_n$ が次で与えられる数列 $\{a_n\}$ は等差数列であることを示し，その初項，公差および一般項を求めよ．

◀教例 1.8

(1)　$2n(n-2)$　　(2)　$-5n^2$

(3)　$4n(3-n)$　　(4)　$n-12n^2$

12　初項から第 n 項までの和 $S_n = a_1 + \cdots + a_n$ が次で与えられる数列 $\{a_n\}$ は等比数列であることを示し，その初項，公比および一般項を求めよ．

◀教問 1.6

(1)　$S_n = 1 - \dfrac{1}{3^n}$　　(2)　$S_n = \dfrac{3^n - 2^n}{3^n}$

(3)　$S_n = 0.\overbrace{77\cdots7}^{7\text{ が }n\text{ 個}}$　　(4)　$S_n = 0.\overbrace{1212\cdots12}^{12\text{ が }n\text{ 個}}$

13　次の和を Σ 記号を用いて表せ．　◀教問 1.7

(1)　$1+2+3+\cdots+2n$

(2)　$1^2+3^2+5^2+\cdots+(2k-1)^2$

(3)　$\dfrac{1}{n}+\dfrac{2}{n-1}+\dfrac{3}{n-2}+\cdots+\dfrac{n-1}{2}+n$

(4)　$1+3^2+5^3+\cdots+(2p-1)^p$

(5)　$\dfrac{1}{2}+\dfrac{2}{2^2}+\dfrac{3}{2^3}+\cdots+\dfrac{k}{2^k}$

(6)　$1\cdot n+2\cdot(n-1)+3\cdot(n-2)+\cdots+n\cdot 1$

14　次の等式は成り立つか．　◀教例 1.8

(1)　$\displaystyle\sum_{k=1}^{n} ca_k = a_k \sum_{k=1}^{n} c$　　(2)　$\displaystyle\sum_{j=1}^{n} ca_k = a_k \sum_{j=1}^{n} c$

(3)　$\displaystyle a_k \sum_{k=1}^{n} b_k = b_k \sum_{k=1}^{n} a_k$　　(4)　$\displaystyle\left(\sum_{k=1}^{n} a_k + \sum_{k=1}^{n} b_k\right) = \sum_{k=1}^{n}\sum_{k=1}^{n}(a_k+b_k)$

15　Σ 記号を含む次の等式は正しいか否か判定せよ．　教問 1.8

(1)　$\displaystyle\sum_{i=1}^{n+1}(i^2-1)=\sum_{j=1}^{n}j(j+2)$

(2)　$\displaystyle\sum_{i=0}^{n}i(i^2-1)=\sum_{j=1}^{n-1}j(j+1)(j+2)$

(3)　$\displaystyle\sum_{i=0}^{n}i(i^2-1)=\sum_{j=2}^{n}j(j^2-1)$

16　次の和を Σ 記号を用いて表し，和を求めよ．　教問 1.9

(1)　$1^2+3^2+5^2+\cdots+(2n-1)^2$

(2)　$1^2\cdot 2+2^2\cdot 3+\cdots+n^2(n+1)$

(3)　$1\cdot(2n-1)+3\cdot(2n-3)+5\cdot(2n-5)+\cdots+(2n-1)\cdot 1$

(4)　$1\cdot 2\cdot 3+3\cdot 4\cdot 5+5\cdot 6\cdot 7+\cdots+(2n-1)2n(2n+1)$

17　次の和を Σ 記号を用いて表し，和を求めよ．　教問 1.10

(1)　$1\cdot 3+2\cdot 3^2+3\cdot 3^3+\cdots+n3^n$

(2)　$1\cdot 1+2\cdot 3^{-1}+3\cdot 3^{-2}+\cdots+n3^{1-n}$

(3)　$1\cdot 3+4\cdot 3^2+7\cdot 3^3+\cdots+(3n-2)3^n$

18　次の和を Σ 記号を用いて表し，和を求めよ．　教問 1.11

(1)　$\dfrac{1}{1\cdot 3}+\dfrac{1}{3\cdot 5}+\dfrac{1}{5\cdot 7}+\cdots+\dfrac{1}{(2n-1)(2n+1)}$

(2)　$\dfrac{1}{1\cdot 4}+\dfrac{1}{4\cdot 7}+\dfrac{1}{7\cdot 10}+\cdots+\dfrac{1}{(3n-2)(3n+1)}$

(3)　$\dfrac{1}{1\cdot 3\cdot 5}+\dfrac{1}{2\cdot 4\cdot 6}+\dfrac{1}{3\cdot 5\cdot 7}+\cdots+\dfrac{1}{n\,(n+2)\,(n+4)}$

(4)　$\dfrac{3}{1^2\cdot 2^2}+\dfrac{5}{2^2\cdot 3^2}+\dfrac{7}{3^2\cdot 4^2}+\cdots+\dfrac{2n+1}{n^2(n+1)^2}$

(5)　$\dfrac{1}{\sqrt{1}+\sqrt{3}}+\dfrac{1}{\sqrt{2}+\sqrt{4}}+\dfrac{1}{\sqrt{3}+\sqrt{5}}+\cdots+\dfrac{1}{\sqrt{n}+\sqrt{n+2}}$

(6)　$\dfrac{1}{\sqrt{1}+\sqrt{3}}+\dfrac{1}{\sqrt{3}+\sqrt{5}}+\cdots+\dfrac{1}{\sqrt{2n-1}+\sqrt{2n+1}}$

B

例題 1.3

(1) 初項から第 n 項までの和 $S_n = a_1 + \cdots + a_n$ が $S_n = 2n^2 - 3n + 6$ で与えられる数列 $\{a_n\}$ は等差数列でないことを示せ.

(2) 初項から第 n 項までの和 $S_n = a_1 + \cdots + a_n$ が $S_n = 2 - 3^{-n}$ で与えられる数列 $\{a_n\}$ は等比数列でないことを示せ.

解 (1) $n \geqq 2$ に対しては

$$
\begin{aligned}
a_n &= S_n - S_{n-1} \\
&= (2n^2 - 3n + 6) - \{2(n-1)^2 - 3(n-1) + 6\} = 4n - 5
\end{aligned}
$$

$a_1 = S_1 = 5$ は上式を満たさない. $a_2 - a_1 = 3 - 5 = -2,\ a_3 - a_2 = 4$ であるから数列 $\{a_n\}$ は等差数列でない.

(2) $n \geqq 2$ に対しては

$$
\begin{aligned}
a_n &= S_n - S_{n-1} \\
&= (2 - 3^{-n}) - (2 - 3^{1-n}) = (3-1)3^{-n} = \frac{2}{3}\left(\frac{1}{3}\right)^{n-1}
\end{aligned}
$$

$a_1 = S_1 = \dfrac{5}{3}$ は上式を満たさない. $\dfrac{a_2}{a_1} = \dfrac{\frac{2}{9}}{\frac{5}{3}} = \dfrac{2}{15},\ \dfrac{a_3}{a_2} = \dfrac{1}{3}$ であるから, 数列 $\{a_n\}$ は等比数列でない. ■

---

19 次の問いに答えよ.

(1) 第 n 項までの和 $S_n = a_1 + \cdots + a_n$ が $S_n = an^2 + bn + c$ で与えられる数列 $\{a_n\}$ が等差数列であるための必要十分条件を求めよ.

(2) 第 n 項までの和 $S_n = a_1 + \cdots + a_n$ が $S_n = q + pr^n$ $(p, r \neq 0)$ で与えられる数列 $\{a_n\}$ が等比数列であるための必要十分条件を求めよ.

20 次の和を求めよ.

(1) $\displaystyle\sum_{k=1}^{n}\sum_{j=1}^{k}\sum_{i=1}^{j} 1$ (2) $\displaystyle\sum_{k=1}^{n} k \sum_{j=1}^{k} j$ (3) $\displaystyle\sum_{k=1}^{n} \frac{k+1}{k^2(k+2)^2}$

(4) $\displaystyle\sum_{k=1}^{n} \frac{k^2 - k - 1}{k^2(k+1)^2}$ (5) $\displaystyle\sum_{k=1}^{n} (k + 3^k)^2$ (6) $\displaystyle\sum_{k=1}^{n} (3^k + 3^{-k})^2$

1.3　漸化式と数学的帰納法

階差数列　数列 $\{a_n\}$ の階差数列が $\{b_n\}$ なら

$$a_n = a_1 + \sum_{k=1}^{n-1} b_k \quad (n \geqq 2)$$

c は $x = px + q$ の解 $c = \dfrac{q}{1-p}$

- 漸化式 $a_{n+1} = pa_n + q$ では
  $p \neq 1 \Longrightarrow a_{n+1} - c = p(a_n - c)$ となる c を求めて公比 p の等比数列に帰着.
  $p = 1 \Longrightarrow a_{n+1} = a_n + q$ より公差 q の等差数列.
- 漸化式 $a_{n+1} = a_n + f(n)$ では階差数列 $b_n = a_{n+1} - a_n = f(n)$ の和を考える.
- 漸化式 $a_{n+2} = pa_{n+1} + qa_n$ では $a_{n+2} - \beta a_{n+1} = \alpha(a_{n+1} - \beta a_n)$ と変形.
  $p = \alpha + \beta,\ q = -\alpha\beta$

数学的帰納法　自然数 n に関する命題 $P(n)$ がすべての自然数について成り立つことを証明するには次の (I), (II) を示せばよい.

(I)　$n = 1$ のとき成り立つ.

(II)　$n = k$ で成り立つ $\Longrightarrow n = k + 1$ でも成り立つ.

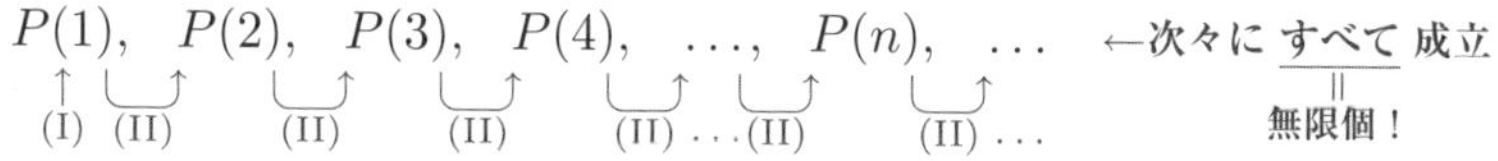

A

21　次の数列の第 n 項を推定せよ.　**教問 1.12**

(1)　$1, 2, 7, 16, 29, 46, \ldots$

(2)　$1, 2, 6, 15, 31, 56, \ldots$

22　次を満たす数列 $\{a_n\}$ の一般項を求めよ.　**教問 1.13**

(1)　初項 $a_1 = 3$,　漸化式 $a_{n+1} = 2a_n + 2$

(2)　初項 $a_1 = 2$,　漸化式 $a_{n+1} = 3a_n + 2$

(3)　初項 $a_1 = 3$,　漸化式 $2a_{n+1} = a_n + 6$

23　次を満たす数列 $\{a_n\}$ の一般項を求めよ．　◀教問 1.14

(1)　初項 $a_1 = 1$，漸化式 $a_{n+1} = a_n + n + 2$

(2)　初項 $a_1 = 1$，漸化式 $a_{n+1} = a_n + \dfrac{1}{2^n}$

24　次を満たす数列 $\{a_n\}$ の一般項を求めよ．　◀教問 1.15

(1)　初項 $a_1 = 1$，第2項 $a_2 = 2$，漸化式 $a_{n+2} = 3a_{n+1} - 2a_n$

(2)　初項 $a_1 = 1$，第2項 $a_2 = 2$，漸化式 $2a_{n+2} = a_{n+1} + a_n$

25　次の初項と漸化式で定まる数列 $\{a_n\}$ の一般項を推定し，数学的帰納法で示せ．　◀教問 1.16

(1)　初項 $a_1 = 1$，漸化式 $a_{n+1} = \dfrac{a_n}{2n-1} + \dfrac{2n-1}{2^n}$

(2)　初項 $a_1 = 1$，漸化式 $a_{n+1} = \dfrac{n}{2n-1}a_n + \dfrac{1}{2^n}$

26　すべての自然数 n に対し次の式が成り立つことを数学的帰納法で示せ．　◀教問 1.18

(1)　$\displaystyle\sum_{k=1}^{n}(k-1)k = \frac{1}{3}n\left(n^2-1\right)$

(2)　$(n-1)^2 < 2^n$　　(3)　$2^n \leqq (n+1)!$

解く前に　(2) $n = 1, 2, 3$ は代入して確かめ，$n = 4$ から先を帰納法で示す．

B

例題 1.4　初項 $a_1 = 3$ および漸化式 $a_{n+1} = 3a_n + n$ を満たす数列 $\{a_n\}$ の一般項を求めよ．

解　まず $f(n+1) - 3f(n) = n$ を満たす $f(n)$ を探してみよう．

$f(n) = an + b$ とおくと

$$f(n+1) - 3f(n) = a(n+1) + b - 3an - 3b$$
$$= -2an + (a - 2b) = n$$

より $a = -\dfrac{1}{2}, b = -\dfrac{1}{4}$，すなわち $f(n) = -\dfrac{1}{2}n - \dfrac{1}{4} = -\dfrac{2n+1}{4}$ とおけば $f(n+1) - 3f(n) = n$ が成り立つ．

次に $b_n = a_n - f(n)$ とおくと

$$b_{n+1} - 3b_n = a_{n+1} - 3a_n - \{f(n+1) - 3f(n)\}$$
$$= n - n = 0$$

すなわち $b_{n+1} = 3b_n$ であるから数列 $\{b_n\}$ は公比 3 の等比数列であって

$$b_n = b_1 \cdot 3^{n-1} = \{a_1 - f(1)\}3^{n-1} = \frac{15}{4} \cdot 3^{n-1} = \frac{5}{4} \cdot 3^n$$

$$\therefore \quad a_n = b_n + f(n) = \frac{5}{4} \cdot 3^n - \frac{2n+1}{4}$$ ■

例題 1.5 初項 $a_1 = 1$，第 2 項 $a_2 = 4$ および漸化式 $a_{n+2} = 4a_{n+1} - 4a_n$ を満たす数列 $\{a_n\}$ の一般項を求めよ．

解

$$\lambda^2 = 4\lambda - 4 \iff (\lambda - 2)^2 = 0$$

$$a_{n+2} = 4a_{n+1} - 4a_n \iff a_{n+2} - 2a_{n+1} = 2(a_{n+1} - 2a_n)$$

$$\therefore \quad a_{n+1} - 2a_n = 2(a_n - 2a_{n-1}) = \cdots = 2^{n-1}(a_2 - 2a_1) = 2^n$$

$b_n = \dfrac{a_n}{2^n}$ とおく．上式の両辺を 2^{n+1} で割ると

$$b_{n+1} - b_n = \frac{1}{2}$$

$$\therefore \quad b_n = \frac{1}{2} + (n-1)\frac{1}{2} = \frac{n}{2} \qquad \therefore \quad a_n = \frac{n}{2} \cdot 2^n = n2^{n-1}$$ ■

---

27 次を満たす数列 $\{a_n\}$ の一般項を求めよ．

(1) 初項 $a_1 = -8$，漸化式 $a_{n+1} = 2a_n + n(n+2)$

(2) 初項 $a_1 = \dfrac{3}{2}$，漸化式 $a_{n+1} = 3a_n + n^2$

28 次を満たす数列 $\{a_n\}$ の一般項を求めよ．

(1) 初項 $a_1 = 1$，漸化式 $a_{n+1} = a_n + \dfrac{n}{2^n}$

(2) 初項 $a_1 = 1$，漸化式 $a_{n+1} = a_n + \dfrac{2n+1}{n^2(n+1)^2}$

29　次を満たす数列 $\{a_n\}$ の一般項を求めよ．

(1)　初項 $a_1 = 1$，漸化式 $a_{n+1} = \dfrac{a_n}{3a_n + 2}$

(2)　初項 $a_1 = 1$，漸化式 $\dfrac{a_{n+1}}{n+2} = \dfrac{a_n + 2}{n}$

解く前に　(1) $\dfrac{1}{a_n}$ の満たす漸化式，(2) 両辺を $n+1$ で割る．

30　初項が 1，第 2 項が 2 の数列 $\{a_n\}$ の連続する 3 項 a_n, a_{n+1}, a_{n+2} は，n が奇数のとき等比数列をなし，n が偶数のとき等差数列をなす．このとき

(1)　初項から第 12 項までを書き下せ．

(2)　$\{a_n\}$ の一般項を推定し，数学的帰納法でそれを示せ．

(3)　初項から第 n 項までの和を求めよ．

解く前に　(3) $n = 2k$ のときと $n = 2k+1$ のときで分けて考えよ．

31　すべての自然数 n に対し次が成り立つことを数学的帰納法で示せ．

(1)　$\displaystyle\sum_{k=1}^{n} \frac{1}{k^2} \leqq 2 - \frac{1}{n}$

(2)　$\displaystyle\sum_{k=1}^{n} \frac{1}{(2k-1)^2} < \frac{3}{2} - \frac{1}{4n}$

(3)　$1 + \dfrac{1}{\sqrt{2}} + \dfrac{1}{\sqrt{3}} + \cdots + \dfrac{1}{\sqrt{n}} < 2\sqrt{n}$

(4)　$x > 0$ のとき $(1+x)^n \geqq 1 + nx + \dfrac{n(n-1)}{2}x^2$

32　n は自然数とする．次を示せ．

(1)　$k = 1, 2, \ldots, n$ に対し $0 < a_k$ ならば

$$(1+a_1)(1+a_2)\cdots(1+a_n) \geqq 1 + a_1 + a_2 + \cdots + a_n$$

(2)　$k = 1, 2, \ldots, n$ に対し $0 < a_k < 1$ ならば

$$(1-a_1)(1-a_2)\cdots(1-a_n) < \frac{1}{1 + a_1 + a_2 + \cdots + a_n}$$

1.4 数列の極限

収束と発散

数列 $\{a_n\}$

- 収束 …… 極限値 α に収束　$\displaystyle\lim_{n\to\infty} a_n = \alpha$
- 発散
  - 正の無限大に発散　$\displaystyle\lim_{n\to\infty} a_n = +\infty$
  - 負の無限大に発散　$\displaystyle\lim_{n\to\infty} a_n = -\infty$
  - 振動

収束の基本

$$\lim_{n\to\infty} \frac{1}{n} = 0$$

$$\lim_{n\to\infty} \frac{1}{a^n} = 0$$

$(a > 1)$

極限値の性質

数列 $\{a_n\}$, $\{b_n\}$ が収束し $\displaystyle\lim_{n\to\infty} a_n = \alpha$, $\displaystyle\lim_{n\to\infty} b_n = \beta$ のとき

(1)　定数倍　$\displaystyle\lim_{n\to\infty} ka_n = k\alpha\ \left(= k\lim_{n\to\infty} a_n\right)$　（k は定数）

(2)　和・差　$\displaystyle\lim_{n\to\infty} (a_n \pm b_n) = \alpha \pm \beta\ \left(= \lim_{n\to\infty} a_n \pm \lim_{n\to\infty} b_n\right)$　（複号同順）

(3)　積　$\displaystyle\lim_{n\to\infty} a_n b_n = \alpha\beta\ \left(= \left(\lim_{n\to\infty} a_n\right)\left(\lim_{n\to\infty} b_n\right)\right)$

(4)　商　$\beta \neq 0$ ならば $\displaystyle\lim_{n\to\infty} \frac{a_n}{b_n} = \frac{\alpha}{\beta}\ \left(= \frac{\lim_{n\to\infty} a_n}{\lim_{n\to\infty} b_n}\right)$

(5)　逆数関係　すべての自然数 n に対し $a_n > 0$ のとき

$$\lim_{n\to\infty} a_n = \infty \text{ ならば } \lim_{n\to\infty} \frac{1}{a_n} = 0,\quad \lim_{n\to\infty} a_n = 0 \text{ ならば } \lim_{n\to\infty} \frac{1}{a_n} = \infty$$

等号が無くても結論は成り立つ

(6)　大小関係の保存　2 つの数列 $\{a_n\}$, $\{b_n\}$ が $a_n \leqq b_n$ を満たし，

等号が必要！

かつ $\displaystyle\lim_{n\to\infty} a_n = \alpha$, $\displaystyle\lim_{n\to\infty} b_n = \beta$ ならば $\alpha \leqq \beta$

（つまり $\displaystyle\lim_{n\to\infty} a_n \leqq \lim_{n\to\infty} b_n$）

(7)　はさみうちの原理

- 3 つの数列 $\{a_n\}$, $\{b_n\}$, $\{c_n\}$ が $a_n \leqq b_n \leqq c_n$ を満たし，かつ $\{a_n\}$, $\{c_n\}$ が同じ極限値 α に収束する　$\left(\displaystyle\lim_{n\to\infty} a_n = \lim_{n\to\infty} c_n = \alpha\right)$ ならば $\{b_n\}$ も収束して $\displaystyle\lim_{n\to\infty} b_n = \alpha$
- 2 つの数列 $\{a_n\}$, $\{b_n\}$ が $a_n \leqq b_n$ を満たすとき
  $\displaystyle\lim_{n\to\infty} a_n = +\infty$ ならば $\displaystyle\lim_{n\to\infty} b_n = +\infty$,
  $\displaystyle\lim_{n\to\infty} b_n = -\infty$ ならば $\displaystyle\lim_{n\to\infty} a_n = -\infty$

不定形$\left(\dfrac{\infty}{\infty}\text{型や}\ \infty-\infty\ \text{型}\right)$の取扱いの基本

有理式　$\Longrightarrow$　分母の最大次数の項で分母分子を割る．

無理式　$\Longrightarrow$　有理化する．

指数関数　$\Longrightarrow$　分母の項のうち底が最大のもので分母分子を割る．

等比数列の極限

$$\left.\begin{array}{ll} r=1\text{ のとき} & \displaystyle\lim_{n\to\infty} r^n=1 \\ |r|<1\text{ のとき} & \displaystyle\lim_{n\to\infty} r^n=0 \end{array}\right\}\text{収束}$$

$$\left.\begin{array}{ll} r>1\text{ のとき} & \displaystyle\lim_{n\to\infty} r^n=+\infty \\ r\leqq -1\text{ のとき} & \{r^n\}\text{ は振動} \end{array}\right\}\text{発散}$$

指数・累乗・階乗♣

$a>1$ のとき，$\underset{n\,\text{が十分大きい}}{\underline{n \gg 1}}$ に対し

(n の多項式) $< a^n < n! < n^n$ で

$$\lim_{n\to\infty}\frac{(n\text{ の多項式})}{a^n}=0,\quad \lim_{n\to\infty}\frac{a^n}{n!}=0,\quad \lim_{n\to\infty}\frac{n!}{n^n}=0$$

無限級数の和

定義　$S=\displaystyle\lim_{n\to\infty} S_n$

すなわち

$$\sum_{n=1}^{\infty} a_n=\lim_{n\to\infty}\sum_{k=1}^{n} a_k$$

定数倍　$\displaystyle\sum_{n=1}^{\infty} ka_n=k\sum_{n=1}^{\infty} a_n$

和　$\displaystyle\sum_{n=1}^{\infty}(a_n+b_n)=\sum_{n=1}^{\infty} a_n+\sum_{n=1}^{\infty} b_n$

無限級数 $\displaystyle\sum_{n=1}^{\infty} a_n$ が収束する $\Longrightarrow$ 数列 $\{a_n\}$ は 0 に収束する．　←**逆は必ずしも成り立たない**

等比級数の極限

初項が a のときは極限値も a 倍になる．

$|r|<1$ のとき $\displaystyle\sum_{n=1}^{\infty} r^{n-1}=\frac{1}{1-r}$ 収束

$$\left.\begin{array}{ll} r\geqq 1\text{ のとき} & \displaystyle\sum_{n=1}^{\infty} r^{n-1}=+\infty \\ r\leqq -1\text{ のとき} & \displaystyle\sum_{n=1}^{\infty} r^{n-1}\text{ は振動} \end{array}\right\}\text{発散}$$

A

33 $a_n = \dfrac{1}{2n}$, $b_n = 2 + \dfrac{1}{n+1}$ とする．次の数列の極限を調べよ． 教問 1.19

(1) $\{a_n + b_n\}$ (2) $\{a_n - b_n\}$ (3) $\{a_n b_n\}$

(4) $\left\{\dfrac{a_n}{b_n}\right\}$ (5) $\{5a_n\}$ (6) $\{b_n^3\}$

34 $a_n = n$, $b_n = 2 - \dfrac{1}{n}$ のとき，次の数列の極限を調べよ． 教問 1.20

(1) $\{2 - a_n\}$ (2) $\{a_n - b_n\}$ (3) $\{a_n b_n\}$

(4) $\left\{\dfrac{a_n^2}{1 - b_n}\right\}$ (5) $\{a_n(a_n - 1)\}$ (6) $\left\{\dfrac{3n}{b_n}\right\}$

35 $a_n = n + 1$, $b_n = 2n - 1$ とする．次の数列の極限を調べよ． 教問 1.21

(1) $\left\{\dfrac{b_n}{a_n}\right\}$ (2) $\left\{\dfrac{b_n^2}{a_n + 3}\right\}$ (3) $\{b_n^2 - 4a_n^2\}$

(4) $\{a_n - b_n + 2\}$ (5) $\left\{\dfrac{\cos n\pi}{b_n}\right\}$ (6) $\{\sin a_n \pi\}$

36 $a_n = 2^n$, $b_n = 3^n$ とする．次の数列の極限を調べよ． 教問 1.23

(1) $\left\{\dfrac{1}{a_n} + \dfrac{1}{b_n}\right\}$ (2) $\left\{a_n + \dfrac{1}{b_n}\right\}$ (3) $\left\{\dfrac{a_n - b_n^2}{a_n^2 + b_n}\right\}$

(4) $\left\{\dfrac{a_n^2 - b_n}{a_n + b_n^2}\right\}$ (5) $\left\{\dfrac{\cos n\pi}{a_n}\right\}$ (6) $\{\sin a_n \pi\}$

37 次の一般項をもつ数列の極限を調べよ． 教問 1.23

(1) $a_n = 1 - n^2$ (2) $b_n = 2^n - 3^n$

(3) $c_n = 3 \cdot (-2)^{-n}$ (4) $d_n = 3 \cdot (-2)^n$

38 次の数列の極限を調べよ． 教問 1.25

(1) $\left\{\left(1 + \dfrac{1}{n}\right)^{-n}\right\}$

(2) $\left\{\left(1 + \dfrac{1}{n}\right)^{2n}\right\}$

39　次の無限級数の極限を調べよ．　◀教 問 1.26

(1)　$\displaystyle\sum_{n=1}^{\infty}\frac{1}{(2n-1)(2n+1)}$　　(2)　$\displaystyle\sum_{n=1}^{\infty}\frac{1}{\sqrt{2n-1}+\sqrt{2n+1}}$

(3)　$\displaystyle\sum_{n=0}^{\infty}\frac{\sqrt{n+1}-\sqrt{n}}{\sqrt{n+2}-\sqrt{n+1}}$

解く前に　(3)　$\dfrac{\sqrt{n+2}+\sqrt{n+1}}{\sqrt{n+1}+\sqrt{n}}>1$

（◀教 p.29 の 1.18）

40　次の無限級数の極限を調べよ．　◀教 問 1.27

(1)　$\displaystyle\sum_{n=1}^{\infty}\left(-\frac{1}{3}\right)^n$　　(2)　$\displaystyle\sum_{n=1}^{\infty}\left(-\frac{1}{3^n}\right)$

(3)　$\displaystyle\sum_{n=0}^{\infty}\left(\frac{\sqrt{2}-\sqrt{3}}{\sqrt{4}-\sqrt{5}}\right)^n$　　(4)　$\displaystyle\sum_{n=1}^{\infty}\frac{3}{10^n}$

B

例題 1.6　次の数列の極限を調べよ．

(1)　$\{\sqrt{n^2+1}-n\}$　　(2)　$\{\log_n 2n\}$

解　(1)　$\sqrt{n^2+1}-n=\dfrac{n^2+1-n^2}{\sqrt{n^2+1}+n}=\dfrac{1}{\sqrt{n^2+1}+n}\to 0\quad(n\to\infty)$

(2)　$\log_n 2n=\dfrac{\log_2 2n}{\log_2 n}=\dfrac{1+\log_2 n}{\log_2 n}=\dfrac{1}{\log_2 n}+1\to 0+1=1\quad(n\to\infty)$ ■

例題 1.7　次が成り立つように実数 a,b を定めよ．

$$\lim_{n\to\infty}\left(\sqrt{n^2+an+2}-bn\right)=1$$

解　$\sqrt{n^2+an+2}-bn=\dfrac{(1-b^2)n^2+an+2}{\sqrt{n^2+an+2}+bn}=\dfrac{(1-b^2)n+a+\frac{2}{n}}{\sqrt{1+\frac{a}{n}+\frac{2}{n^2}}+b}$

$b=-1$ のとき $\sqrt{n^2+an+2}+n\to+\infty$ だから $b\neq-1$ としてよい．

収束するためには $1-b^2=0$ でなければならないが，$b\neq-1$ なので $b=1$

$\dfrac{a+\frac{2}{n}}{\sqrt{1+\frac{a}{n}+\frac{2}{n^2}}+1}\to\dfrac{a}{2}\quad(n\to\infty)$ なので $\dfrac{a}{2}=1$．よって $a=2$

$\therefore\quad a=2,\ b=1$ ■

例題 1.8　次の無限級数の極限を調べよ．

(1)　$(1-1)+(1-1)+(1-1)+\cdots$

(2)　$1-(1-1)-(1-1)-(1-1)-\cdots$

(3)　$1-1+1-1+1-1+\cdots$

解　(1)　第 n 項は $a_n = 1-1 = 0$

和 $S_n = \displaystyle\sum_{k=1}^{n} a_k = 0$　　$\therefore$　(与式) $= \displaystyle\lim_{n\to\infty} S_n = 0$

(2)　初項 $a_1 = 1$．$n \geqq 2$ のとき第 n 項は $a_n = -(1-1) = 0$

和 $S_n = \displaystyle\sum_{k=1}^{n} a_k = 1$　　$\therefore$　(与式) $= \displaystyle\lim_{n\to\infty} S_n = 1$

(3)　第 n 項は $a_n = (-1)^{n-1}$．和 $S_n = \displaystyle\sum_{k=1}^{n} a_k = \begin{cases} 1 & (n\text{ が奇数のとき}) \\ 0 & (n\text{ が偶数のとき}) \end{cases}$

$\therefore$　振動する．■

例題 1.9　3 点 O(0,0)，A(1,0)，B(0,1) を頂点とする △OAB を考え，この三角形に内接する円を C_1 とする．線分 $\overline{\mathrm{OA}}$，$\overline{\mathrm{OB}}$ および円 C_1 に接する △OAB 内の円を C_2 とする．以下同様にして，線分 $\overline{\mathrm{OA}}$，$\overline{\mathrm{OB}}$ および円 C_{n-1} に接する △OAB 内の円を C_n とする．これらの円の面積の総和を求めよ．

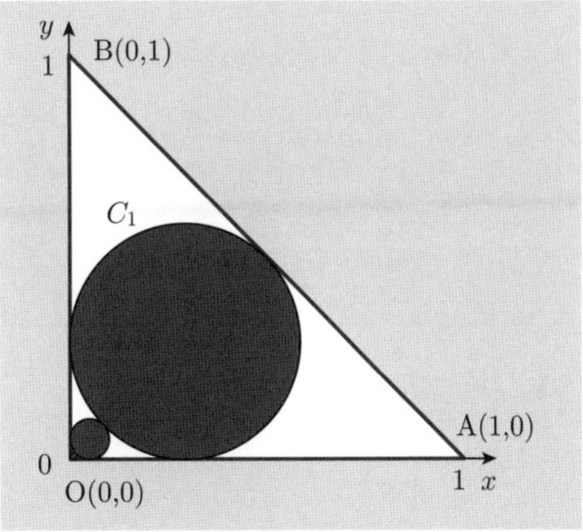

解　円 C_n の半径を r_n とおく．

[第 1 段]（初項の導出）　まず，円 C_1 の中心と半径を求める．円 C_1 の中心 (r_1, r_1) と線分 $\overline{\mathrm{AB}}$ の中点 $\left(\dfrac{1}{2}, \dfrac{1}{2}\right)$ との距離が r_1 だから，$r_1 < \dfrac{1}{\sqrt{2}}$ に注意すると

$$\left(\frac{1}{2}-r_1\right)^2+\left(\frac{1}{2}-r_1\right)^2=r_1^2$$

$$\Leftrightarrow\quad \frac{1}{2}-2r_1+r_1^2=0 \qquad \therefore\quad r_1=1-\frac{1}{\sqrt{2}}$$

[第2段]（漸化式の導出）　円 C_n の中心は (r_n, r_n)．2つの円 C_n と C_{n+1} は互いに外側になるよう接するから，C_n の中心 (r_n, r_n) と C_{n+1} の中心 (r_{n+1}, r_{n+1}) との距離は r_n+r_{n+1}．これを方程式で表すと

$$\sqrt{(r_n-r_{n+1})^2+(r_n-r_{n+1})^2}=r_n+r_{n+1}$$

$$\therefore\quad r_{n+1}^2-6r_nr_{n+1}+r_n^2=0$$

[第3段]（漸化式を解く）　$q_n=\dfrac{r_{n+1}}{r_n}$ とおく．上式の両辺を r_n^2（>0）で割ると $q_n^2-6q_n+1=0$．これを解くと

$$q_n=3-2\sqrt{2}\quad (\because r_{n+1}<r_n \text{ より } q_n<1)$$

これは n によらない定数であるから，$\{r_n\}$ は公比 $q=3-2\sqrt{2}$ の等比数列で

$$r_n=r_1q^{n-1}=\frac{\sqrt{2}-1}{\sqrt{2}}(3-2\sqrt{2})^{n-1}$$

ゆえに求める円の面積の総和は

$$\sum_{n=1}^{\infty}\pi r_n^2=\frac{\pi}{2}\left(\sqrt{2}-1\right)^2\sum_{n=1}^{\infty}\left\{\left(3-\sqrt{2}\right)^2\right\}^{n-1}$$

$$=\frac{\pi}{2}\frac{3-2\sqrt{2}}{1-(3-2\sqrt{2})^2}=\frac{\sqrt{2}}{16}\pi$$

■

41　次の数列の極限を調べよ．

(1)　$\left\{n\left(\sqrt{1+\dfrac{1}{n}}-1\right)\right\}$　　(2)　$\left\{\sqrt{n^2+n-2}-n\right\}$

(3)　$\left\{\dfrac{1^2+3^2+\cdots+(2n-1)^2}{n^3}\right\}$　　(4)　$\left\{\dfrac{n^2+n-2}{n\sqrt{n}+1}\right\}$

(5)　$\left\{\dfrac{\sqrt{n+1}-\sqrt{n}}{\sqrt{n+2}-\sqrt{n+1}}\right\}$　　(6)　$\left\{\dfrac{3^{\sqrt{n+1}}}{3^{\sqrt{n}}}\right\}$

(7)　$\{\log_2(n+1)-\log_2 n\}$　　(8)　$\{\log_2(n^2+1)-2\log_2 n\}$

42　$a, b > 0$ であるとき，次の数列の極限を調べよ．

(1) $\{a - b^{n-1}\}$　(2) $\left\{\dfrac{a^{n+1}}{a^n + 1}\right\}$　(3) $\left\{\dfrac{a^n - a^{-n}}{a^n + a^{-n}}\right\}$　(4) $\left\{\dfrac{a^n - b^{-n}}{a^n + b^{-n}}\right\}$

43　次が成り立つように実数 a, b を定めよ．

(1) $\displaystyle\lim_{n\to\infty} \sqrt{an^2 + bn + 1}\,(\sqrt{n+1} - \sqrt{n}) = 1$

(2) $\displaystyle\lim_{n\to\infty} (\sqrt{3n^2 + 2n + 1} - an) = b$

44　次の無限級数の極限を調べよ．

(1) $\dfrac{1}{2} + \left(-\dfrac{2}{3} + \dfrac{2}{3}\right) + \left(-\dfrac{3}{4} + \dfrac{3}{4}\right) + \left(-\dfrac{4}{5} + \dfrac{4}{5}\right) + \left(-\dfrac{5}{6} + \dfrac{5}{6}\right) + \cdots$

(2) $\left(\dfrac{1}{2} - \dfrac{2}{3}\right) + \left(\dfrac{2}{3} - \dfrac{3}{4}\right) + \left(\dfrac{3}{4} - \dfrac{4}{5}\right) + \left(\dfrac{4}{5} - \dfrac{5}{6}\right) + \cdots$

(3) $\dfrac{1}{2} - \dfrac{2}{3} + \dfrac{2}{3} - \dfrac{3}{4} + \dfrac{3}{4} - \dfrac{4}{5} + \dfrac{4}{5} - \dfrac{5}{6} + \cdots$

45　$p > 1$ とし，数列 $\{a_n\}$ の初項から第 n 項までの和が $p^n - 1$ であるとする．このとき次の問いに答えよ．

(1) $a_n = (p-1)p^{n-1}$ であることを示せ．

(2) 無限級数 $\displaystyle\sum_{n=1}^{\infty} \frac{1}{a_n}$ の極限を調べ，収束するならば和を求めよ．

(3) 無限級数 $\displaystyle\sum_{n=1}^{\infty} \frac{1}{a_n a_{n+1}}$ の極限を調べ，収束するならば和を求めよ．

46　各辺の長さが 1 である正三角形 $\triangle$OAB に内接する円を C_1 とする．線分 $\overline{\mathrm{OA}}$, $\overline{\mathrm{OB}}$ および円 C_1 に接する $\triangle$OAB 内の円を C_2 とする．以下同様にして，線分 $\overline{\mathrm{OA}}$, $\overline{\mathrm{OB}}$ および円 C_{n-1} に接する $\triangle$OAB 内の円を C_n とする．これらの円の面積の総和を求めよ．

47　各辺の長さが 1 である正方形 OABC を考える．線分 $\overline{\mathrm{OA}}$, $\overline{\mathrm{AB}}$, $\overline{\mathrm{BC}}$, $\overline{\mathrm{CO}}$ の中点をそれぞれ $\mathrm{O_1}$, $\mathrm{A_1}$, $\mathrm{B_1}$, $\mathrm{C_1}$ として正方形 $\mathrm{O_1A_1B_1C_1}$ を作る．以下同様にして，正方形 $\mathrm{O}_n\mathrm{A}_n\mathrm{B}_n\mathrm{C}_n$ に対し，線分 $\overline{\mathrm{O}_n\mathrm{A}_n}$, $\overline{\mathrm{A}_n\mathrm{B}_n}$, $\overline{\mathrm{B}_n\mathrm{C}_n}$, $\overline{\mathrm{C}_n\mathrm{O}_n}$ の中点をそれぞれ O_{n+1}, A_{n+1}, B_{n+1}, C_{n+1} として正方形 $\mathrm{O}_{n+1}\mathrm{A}_{n+1}\mathrm{B}_{n+1}\mathrm{C}_{n+1}$ を作る．これらの正方形の面積の総和を求めよ．

C 発展問題

48 次を満たす数列 $\{a_n\}$ の一般項を求めよ．

(1) 初項 $a_1=3$，第2項 $a_2=6$，漸化式 $a_{n+2}=6a_{n+1}-9a_n$

(2) 初項 $a_1=1$，第2項 $a_2=4$，漸化式 $a_{n+2}=6a_{n+1}-9a_n+4$

(3) 初項 $a_1=1$，第2項 $a_2=4$，漸化式 $a_{n+2}=6a_{n+1}-9a_n+n$

解く前に (3) $b_n=a_{n+1}-3a_n$ の満たす漸化式.

49 すべての自然数 n に対し $a_n>0$ のとき，次を示せ．

(1) $a_1a_2\cdots a_n=1$ ならば $a_1+a_2+\cdots+a_n\geqq n$.
等号成立は $a_1=a_2=\cdots=a_n=1$ のときに限る．

(2) 次の不等式が成り立つ．

$$\frac{n}{\dfrac{1}{a_1}+\dfrac{1}{a_2}+\cdots+\dfrac{1}{a_n}}\leqq\sqrt[n]{a_1a_2\cdots a_n}\leqq\frac{a_1+a_2+\cdots+a_n}{n}$$

等号成立は $a_1=a_2=\cdots=a_n$ のときに限る．左辺を $a_1,a_2,\ldots,a_n$ の **調《ちょう》和《わ》平均《へいきん》** という．また中辺・右辺はそれぞれ **相《そう》乗《じょう》平均《へいきん》**・**相《そう》加《か》平均《へいきん》** である．

50 次の数列の極限を調べよ．

(1) $\left\{\dfrac{n^3}{3^n}\right\}$　(2) $\left\{\dfrac{3^n}{n!}\right\}$　(3) $\left\{\dfrac{n^2}{n!}\right\}$　(4) $\left\{\dfrac{n^2 2^n}{n!}\right\}$

51 次の極限値を求めよ．（新潟大学）

(1) $\displaystyle\lim_{n\to\infty}\frac{2010^n}{n!}$　(2) $\displaystyle\lim_{n\to\infty}\left(1-\frac{1}{n+1}\right)^n$

52 次の問いに答えよ．（(1)：新潟大学，(2)：広島大学）

(1) $0<a<1$ に対し $\displaystyle\lim_{n\to\infty}na^n=0$ を示せ．

(2) $0<a<1$ に対し，級数 $\displaystyle\sum_{n=1}^{\infty}na^{n-1}$ の収束・発散を調べよ．収束するときはその和も求めよ．

解く前に (2) 指数型の和

53 数列 $\{a_n\}$ を $a_1=3,\ a_{n+1}=\dfrac{1}{2}\left(a_n+\dfrac{3}{a_n}\right)$ $(n=1,2,3,\ldots)$ によって定めるとき，次を示せ．（京都大学）

(1) すべての自然数 n に対し，$a_n>\sqrt{3}$

(2) すべての自然数 n に対し，$a_{n+1}-\sqrt{3}<\dfrac{1}{2}\left(a_n-\sqrt{3}\right)$

(3) $\displaystyle\lim_{n\to\infty}a_n=\sqrt{3}$

54 次で定まる数列 $\{a_n\}$ は収束することを示し，その極限値を求めよ．

（(1)：愛媛大学）

(1) 初項 $a_1>0$，漸化式 $a_{n+1}=\dfrac{2}{2+a_n}$ $(n=1,2,3,\ldots)$

(2) 初項 $a_1=2a>0$，漸化式 $a_{n+1}=2a+\dfrac{1}{a_n}$ $(n=1,2,3,\ldots)$

55 次の問いに答えよ．

(1) すべての自然数 n および $x>0$ に対し

$$(1+x)^n>nx$$

が成り立つことを用いて，すべての自然数 n に対し

$$1+\frac{1}{\sqrt{n}}>\sqrt[2n]{n}$$

が成り立つことを示せ．

(2) (1) を用いて，$\displaystyle\lim_{n\to\infty}\sqrt[n]{n}=1$ を示せ．

56 次を示せ．

$$\sum_{n=1}^{\infty}\frac{1}{n}=+\infty$$

57 次を示せ．

$$\lim_{n\to\infty}\left\{(1+x)\left(1+\frac{x}{2}\right)\left(1+\frac{x}{3}\right)\cdots\left(1+\frac{x}{n}\right)\right\}$$

$$=\begin{cases}+\infty & (x>0\ \text{のとき})\\ 1 & (x=0\ \text{のとき})\\ 0 & (x<0\ \text{のとき})\end{cases}$$

2 微分の基礎

2.1 関数の極限

関数の極限 $\lim_{x \to a} f(x) = \alpha,\ \lim_{x \to a} g(x) = \beta$ のとき，次が成り立つ．

(1) 定数倍 $\lim_{x \to a} kf(x) = k\alpha$ （k は定数）

(2) 和・差 $\lim_{x \to a} \{f(x) \pm g(x)\} = \alpha \pm \beta$ （複号同順）

(3) 積 $\lim_{x \to a} f(x)g(x) = \alpha\beta$

(4) 商 $\lim_{x \to a} \dfrac{f(x)}{g(x)} = \dfrac{\alpha}{\beta}$ （$g(x) \neq 0,\ \beta \neq 0$）

※この性質は $x \to a$ を $x \to \infty$, $x \to -\infty$ としても成り立つ．

指数関数・対数関数の極限

$$a > 1 \implies \lim_{x \to \infty} a^x = \infty, \quad \lim_{x \to -\infty} a^x = 0,$$
$$\lim_{x \to \infty} \log_a x = \infty, \quad \lim_{x \to +0} \log_a x = -\infty$$

$$0 < a < 1 \implies \lim_{x \to \infty} a^x = 0, \quad \lim_{x \to -\infty} a^x = \infty,$$
$$\lim_{x \to \infty} \log_a x = -\infty, \quad \lim_{x \to +0} \log_a x = \infty$$

$$\lim_{x \to \pm\infty} \left(1 + \frac{1}{x}\right)^x = e$$

$\lim_{h \to 0} (1 + h)^{\frac{1}{h}} = e$ （$e = 2.71828\cdots$ は**自然対数の底**）

三角関数の極限値

$$\lim_{\theta \to 0} \frac{\sin\theta}{\theta} = 1, \quad \lim_{\theta \to 0} \frac{\tan\theta}{\theta} = 1 \quad (\theta \text{ は弧度})$$

A

1 次の極限を求めよ. 教問 2.1

(1) $\displaystyle\lim_{x\to 1}(2x^3+5x-2)$　(2) $\displaystyle\lim_{x\to -2}\frac{x-4}{x^2+3}$

(3) $\displaystyle\lim_{x\to 3}(\sqrt{x+1}-\sqrt{x})$　(4) $\displaystyle\lim_{x\to \frac{1}{2}}(x^2-3x+2)$

2 次の極限を求めよ. 教問 2.1

(1) $\displaystyle\lim_{x\to 1}3^{x-2}$　(2) $\displaystyle\lim_{x\to \frac{1}{2}}2^{x-\frac{1}{2}}$

(3) $\displaystyle\lim_{x\to 4}2\cdot\left(\frac{1}{3}\right)^{x-2}$　(4) $\displaystyle\lim_{x\to -1}4^{1-x}$

3 次の極限を求めよ. 教問 2.1

(1) $\displaystyle\lim_{x\to 16}\log_{10}(x-6)$　(2) $\displaystyle\lim_{x\to 8}\log_2 2x$　(3) $\displaystyle\lim_{x\to 2}\log_{\frac{1}{3}}(x+1)$

4 次の極限を求めよ. 教問 2.1

(1) $\displaystyle\lim_{x\to \frac{\pi}{4}}\frac{\sin x}{2}$　(2) $\displaystyle\lim_{x\to \frac{\pi}{6}}\cos 3x$　(3) $\displaystyle\lim_{x\to \frac{\pi}{3}}\tan 2x$

5 次の極限を求めよ. 教問 2.2

(1) $\displaystyle\lim_{x\to 0}\frac{3x^2-x}{x}$　(2) $\displaystyle\lim_{x\to 4}\frac{x^2-x-12}{x-4}$

(3) $\displaystyle\lim_{x\to -3}\frac{x^2-4x-21}{x+3}$　(4) $\displaystyle\lim_{x\to 0}\frac{2x^2+9x}{x^2-3x}$

(5) $\displaystyle\lim_{x\to 1}\frac{x^2+5x-6}{x^2+x-2}$　(6) $\displaystyle\lim_{x\to -2}\frac{x^3+8}{x+2}$

6 次の極限を求めよ. 教問 2.2

(1) $\displaystyle\lim_{x\to 0}\frac{\sqrt{1-x}-\sqrt{1+x}}{x}$　(2) $\displaystyle\lim_{x\to 2}\frac{\sqrt{x+1}-\sqrt{3}}{x-2}$

7 次の極限を求めよ. 教問 2.2

(1) $\displaystyle\lim_{x\to 0}\frac{1}{x}\left(1+\frac{5}{x-5}\right)$　(2) $\displaystyle\lim_{x\to 0}\frac{1}{x}\left(3-\frac{9}{x+3}\right)$

8　次の極限を求めよ.　教問 2.3

(1) $\displaystyle\lim_{x\to-2+0}\frac{3}{x+2}$　(2) $\displaystyle\lim_{x\to-2-0}\frac{3}{x+2}$　(3) $\displaystyle\lim_{x\to1+0}\frac{2}{1-x}$

(4) $\displaystyle\lim_{x\to1-0}\frac{2}{1-x}$　(5) $\displaystyle\lim_{x\to+0}\frac{x^2-3x}{|x|}$　(6) $\displaystyle\lim_{x\to2-0}\frac{x-2}{|x-2|}$

9　次の極限を求めよ.　教問 2.4

(1) $\displaystyle\lim_{x\to\infty}\frac{x^2-2x}{x^2}$　(2) $\displaystyle\lim_{x\to\infty}\frac{4x+2}{x-3}$　(3) $\displaystyle\lim_{x\to\infty}\frac{5x-1}{x^2+x}$

(4) $\displaystyle\lim_{x\to\infty}\frac{2-3x}{\sqrt{x}+x}$　(5) $\displaystyle\lim_{x\to-\infty}\frac{x^2-4x+4}{x^3+8}$　(6) $\displaystyle\lim_{x\to\infty}\frac{x^2}{(x+1)^2}$

10　次の極限を求めよ.　教問 2.4

(1) $\displaystyle\lim_{x\to\infty}(\sqrt{x}-\sqrt{x+2})$　(2) $\displaystyle\lim_{x\to\infty}(\sqrt{x^2-2x}-x)$

(3) $\displaystyle\lim_{x\to\infty}(\sqrt{x^2+3x+1}-\sqrt{x^2+1})$

11　次の極限を求めよ.　教問 2.4

(1) $\displaystyle\lim_{x\to\infty}(x^5-3x^2+x)$　(2) $\displaystyle\lim_{x\to-\infty}(x^4+5x^2-x-1)$

(3) $\displaystyle\lim_{x\to\infty}(-2x^3-6x+7)$　(4) $\displaystyle\lim_{x\to-\infty}(-x^5+4x^2-3x)$

12　次の極限を求めよ.　教問 2.5

(1) $\displaystyle\lim_{x\to\infty}(2^x-4^x)$　(2) $\displaystyle\lim_{x\to\infty}\frac{2^{-x}+1}{2^{-x}}$　(3) $\displaystyle\lim_{x\to-\infty}\frac{2^x+5^x}{2^x}$

13　次の極限を求めよ.　教問 2.5

(1) $\displaystyle\lim_{x\to\infty}(\log_3 x-\log_3(x-5))$　(2) $\displaystyle\lim_{x\to\infty}(\log_4 x^2-\log_4(x+1))$

(3) $\displaystyle\lim_{x\to3-0}\log_2(3-x)$

14　極限 $\displaystyle\lim_{x\to\infty}\frac{\sin x}{x^2+1}=0$ を，はさみうちの原理を用いて示せ.　教問 2.6

15　次の極限を求めよ.　教問 2.7

(1) $\displaystyle\lim_{x\to0}\frac{\sin 7x}{\sin x}$　(2) $\displaystyle\lim_{x\to0}\frac{\sin 3x}{5x}$

(3) $\displaystyle\lim_{x\to0}\frac{\tan 5x}{4x}$　(4) $\displaystyle\lim_{x\to0}\frac{2x}{\sin x}$

B

例題 2.1　$\displaystyle\lim_{x\to-2}\frac{x^2+ax+b}{x+2}=5$ が成り立つように，a, b の値を定めよ．

解　$x\to-2$ のとき，（分母）$\to 0$ であるから，（分子）$\to 0$

よって，

$$\lim_{x\to-2}(x^2+ax+b)=4-2a+b=0 \iff b=2a-4$$

このとき（分子）$=x^2+ax+2a-4=(x+2)(x+a-2)$ であるから

$$\lim_{x\to-2}\frac{(x+2)(x+a-2)}{x+2}=\lim_{x\to-2}(x+a-2)=a-4$$

したがって，$a-4=5$　$\therefore$　$a=9,\ b=14$　■

■**補足**　極限の性質より，分母が $\displaystyle\lim_{x\to a}g(x)=0$ で，$\displaystyle\lim_{x\to a}\frac{f(x)}{g(x)}=K$（定数）のとき

$$\lim_{x\to a}f(x)=\lim_{x\to a}g(x)\frac{f(x)}{g(x)}=0\cdot K=0 \qquad \therefore \lim_{x\to a}f(x)=0$$

例題 2.2　次の極限を求めよ．

(1)　$\displaystyle\lim_{h\to0}(1+2h)^{\frac{1}{h}}$　　(2)　$\displaystyle\lim_{x\to0}\frac{e^x-1}{x}$

解　(1)　$2h=t$ とおくと $h=\dfrac{t}{2}$ である．$h\to0$ のとき $t\to0$ であるから

$$\lim_{h\to0}(1+2h)^{\frac{1}{h}}=\lim_{t\to0}(1+t)^{\frac{2}{t}}=\lim_{t\to0}\left\{(1+t)^{\frac{1}{t}}\right\}^2=e^2$$

(2)　$t=e^x-1$ とおくと，$x\to0$ のとき $t\to0$ である．また $e^x=1+t$ より，この両辺の自然対数をとると，$x=\log(1+t)$ を得る．したがって

$$\lim_{x\to0}\frac{e^x-1}{x}=\lim_{t\to0}\frac{t}{\log(1+t)}=\lim_{t\to0}\frac{1}{\frac{1}{t}\log(1+t)}=\lim_{t\to0}\frac{1}{\log(1+t)^{\frac{1}{t}}}$$

$\displaystyle\lim_{t\to0}(1+t)^{\frac{1}{t}}=e$ であるから，$\displaystyle\lim_{x\to0}\frac{e^x-1}{x}=\frac{1}{\log e}=1$　■

16　次が成り立つように，a, b の値を定めよ．

(1)　$\displaystyle\lim_{x\to 3}\frac{x^2+ax+b}{x-3}=-1$　　(2)　$\displaystyle\lim_{x\to -1}\frac{ax^2-bx}{x+1}=3$

(3)　$\displaystyle\lim_{x\to 1}\frac{a\sqrt{x+3}-b}{x-1}=5$　　(4)　$\displaystyle\lim_{x\to 2}\frac{x^3+ax+b}{x-2}=7$

17　次の極限を求めよ．　（(1)：福井大学）

(1)　$\displaystyle\lim_{x\to 0}(1+8x)^{\frac{1}{x}}$　　(2)　$\displaystyle\lim_{x\to 0}(1-x)^{\frac{1}{x}}$

(3)　$\displaystyle\lim_{x\to\infty}\left(1+\frac{4}{x}\right)^x$　　(4)　$\displaystyle\lim_{x\to 0}\frac{a^x-1}{x}$　$(a>0,\ a\neq 1)$

18　$\displaystyle\lim_{x\to 0}\frac{\sin x}{x}=1$ を利用して $\displaystyle\lim_{h\to 0}\frac{\cos(\theta+h)-\cos\theta}{h}$ を求めよ．　（佐賀大学）

19　次の極限を求めよ．　（(1)：奈良女子大学）

(1)　$\displaystyle\lim_{x\to\infty}\sqrt{x}(\sqrt{x}-\sqrt{x+1})$　$(x>0)$

(2)　$\displaystyle\lim_{x\to\infty}\frac{\sqrt{x}-\sqrt{x-4}}{\sqrt{x+2}-\sqrt{x}}$

(3)　$\displaystyle\lim_{x\to\infty}\frac{\sqrt{x+3}-\sqrt{x+1}}{\sqrt{x+4}-\sqrt{x-1}}$

20　次の極限を求めよ．

(1)　$\displaystyle\lim_{x\to 0}\frac{|x|}{x}$

(2)　$\displaystyle\lim_{x\to 0}\frac{x^2}{|x|}$

(3)　$\displaystyle\lim_{x\to -1}\frac{x+1}{|x^2-1|}$

21　次の極限を求めよ．

(1)　$\displaystyle\lim_{x\to 0}\frac{\sin 5x}{\tan x}$　　(2)　$\displaystyle\lim_{x\to 0}\frac{\tan x-\sin x}{x^3}$　　(3)　$\displaystyle\lim_{x\to\infty}x\sin\frac{2}{x}$

22　次の極限を求めよ．

(1)　$\displaystyle\lim_{x\to\infty}\frac{a^{x-1}}{1-a^x}$　$(a>0,\ a\neq 1)$　　(2)　$\displaystyle\lim_{x\to\infty}(a^x+b^x)^{\frac{1}{x}}$　$(0<a<b)$

(3)　$\displaystyle\lim_{x\to 0}\frac{\sin ax}{x}$　$(a\neq 0)$　　(4)　$\displaystyle\lim_{x\to 0}\frac{\tan ax}{x}$　$(a\neq 0)$

2.2 微分係数と導関数

連　続　$y=f(x)$ が $x=a$ で連続 $\Longrightarrow$ $\displaystyle\lim_{x\to a} f(x)=f(a)$

区間で連続　$y=f(x)$ が区間 I のすべての点で連続なとき，**区間 I で連続である**という．

区　間　$\{x \mid a<x<b\}=(a,b)$，　$\{x \mid a \leqq x \leqq b\}=[a,b]$

$\{x \mid a \leqq x<b\}=[a,b)$，　$\{x \mid a<x \leqq b\}=(a,b]$

平均変化率　x が a から b へ変化するときの関数 $f(x)$ の平均変化率は

$$\frac{f(b)-f(a)}{b-a}$$

微分係数（変化率）　$y=f(x)$ の $x=a$ における微分係数は

$$f'(a)=\left.\frac{dy}{dx}\right|_{x=a}=\lim_{h\to 0}\frac{f(a+h)-f(a)}{h}$$

導関数の定義　$y=f(x)$ の導関数は

$$f'(x)=\frac{dy}{dx}=\lim_{h\to 0}\frac{f(x+h)-f(x)}{h}$$

整式の微分　自然数 n に対して

$$(x^n)'=nx^{n-1}, \quad (\text{定数})'=0$$

導関数の線形性

(1)　定数倍　$\{cf(x)\}'=cf'(x)$　（c は定数）

(2)　和・差　$\{f(x)\pm g(x)\}'=f'(x)\pm g'(x)$　（複号同順）

速　度　x 軸上を動く点の時刻 t における位置が $x=x(t)$ のとき

時刻 t における速度 $v(t)$ は $v(t)=\dfrac{dx}{dt}$

A

23　次の関数が連続となる区間を答えよ．　◀教問 2.8

(1)　$y = \dfrac{x-2}{x+1}$　(2)　$y = \dfrac{1}{x^2+1}$　(3)　$y = -\sqrt{3+x}$

(4)　$y = \log_3(x-4)$　(5)　$y = 3^{x-1}$　(6)　$y = \dfrac{3}{\sqrt{x-2}}$

24　次の関数の平均変化率を，指定された区間について求めよ．　◀教問 2.9

(1)　$y = 3x + 5$（1 から 4 まで）

(2)　$y = -x^2 + 1$　（-1 から 3 まで）

(3)　$y = x^2$　（a から b まで）

(4)　$y = x^3$　（a から $a + h$ まで）

25　関数 $f(x) = x^2 - 2x$ の微分係数を定義にしたがって求めよ．　◀教問 2.10

(1)　$f'(3)$　(2)　$f'(-1)$　(3)　$f'(a)$

26　次の関数の導関数を，定義にしたがって求めよ．　◀教問 2.11

(1)　$y = 5x + 1$　(2)　$y = 2x^2$

(3)　$y = -x^3$　(4)　$y = x^4 - 2x$

27　次の関数を微分せよ．　◀教問 2.12, 2.13

(1)　$y = 7x + 3$　(2)　$y = 2x^3 - 5x + 6$

(3)　$y = \dfrac{3x^5 - x}{2}$　(4)　$y = \dfrac{5x^3 - x^2 + 2}{3}$

(5)　$y = -2x^6 + 4x^3 - 3x + 1$　(6)　$y = (2x^2 + 1)(x - 3)$

28　次の関数を，[ ] 内の変数について微分せよ．　◀教問 2.12, 2.13

(1)　$V = \dfrac{4}{3}\pi r^3$　[r]　(2)　$q = -p^3 + 2p - 5$　[p]

(3)　$x = 7t^2 - 2t + 3$　[t]　(4)　$f(s) = (s^2 + 2s)(s^2 - 4)$

29　次の関数の微分係数を，指定された値について求めよ．　◀教問 2.14

(1)　$f(x) = 2x - 7$　[$x = 3$]　(2)　$f(x) = 3x^2 - x - 2$　[$x = 4$]

(3)　$f(x) = -x^3 - 2x^2$　[$x = -2$]　(4)　$f(x) = \dfrac{5x^4 + x^2}{2}$　[$x = 1$]

30　x 軸上を動く点の時刻 t における位置が $x(t) = 12t - 3t^2$ のとき次の問いに答えよ.

◀教 問 2.14

(1)　時刻 t における速度を求めよ.

(2)　速度が 0 になる時刻と，そのときの位置を求めよ.

B

例題 2.3　次の関数が $x = 2$ において連続かどうか調べよ.

(1)　$f(x) = \begin{cases} \dfrac{x^2 - 2x}{x - 2} & (x \neq 2) \\ 0 & (x = 2) \end{cases}$　　(2)　$f(x) = \begin{cases} \dfrac{x^2 - 2x}{x - 2} & (x \neq 2) \\ 2 & (x = 2) \end{cases}$

解　(1)　$x \neq 2$ のとき $f(x) = \dfrac{x^2 - 2x}{x - 2} = \dfrac{x(x - 2)}{x - 2} = x$ より，$\displaystyle\lim_{x \to 2} f(x) = 2$ となる.

$f(2) = 0$ より，$\displaystyle\lim_{x \to 2} f(x) = 2 \neq f(2)$ であるから，$x = 2$ において，連続ではない.

(2)　(1) と同様に，$\displaystyle\lim_{x \to 2} f(x) = 2$ であり，$\displaystyle\lim_{x \to 2} f(x) = 2 = f(2)$ であるから $x = 2$ において，連続である.　■

31　次の関数が $x = 0$ において連続かどうか調べよ. [　] はガウス記号.

(1)　$f(x) = \begin{cases} \dfrac{3x - x^2}{x} & (x \neq 0 \text{ のとき}) \\ 0 & (x = 0 \text{ のとき}) \end{cases}$

(2)　$f(x) = \begin{cases} x \sin \dfrac{1}{x} & (x \neq 0 \text{ のとき}) \\ 0 & (x = 0 \text{ のとき}) \end{cases}$

(3)　$f(x) = [x]$　　(4)　$f(x) = [\sin x]$

32　関数 $f(x) = \sin x$ の $x = \frac{\pi}{6}$ における微分係数 $f'\left(\frac{\pi}{6}\right)$ を定義にしたがって求める式を，次の①〜④のうちから 1 つ選べ.

①　$\dfrac{\sin\left(\frac{\pi}{6} + h\right) - \sin\frac{\pi}{6}}{h}$　　②　$\displaystyle\lim_{h \to 0} \dfrac{\sin\left(\frac{\pi}{6} + h\right) - \sin\frac{\pi}{6}}{h}$

③　$\displaystyle\lim_{h \to 0} \dfrac{\sin\left(\frac{\pi}{6} + h\right) - \sin h}{h}$　　④　$\displaystyle\lim_{h \to 0} \dfrac{\sin\left(\frac{\pi}{6} - h\right) - \sin\frac{\pi}{6}}{h}$

2.3 いろいろな微分公式

積の微分公式 $\{f(x)g(x)\}' = f'(x)g(x) + f(x)g'(x)$

商の微分公式 $\left\{\dfrac{f(x)}{g(x)}\right\}' = \dfrac{f'(x)g(x) - f(x)g'(x)}{\{g(x)\}^2}, \left\{\dfrac{1}{g(x)}\right\}' = -\dfrac{g'(x)}{\{g(x)\}^2}$

合成関数の微分法 関数 $y = f(u)$, $u = g(x)$ がともに微分可能なとき

合成関数 $y = f(g(x))$ も微分可能で $y' = \dfrac{dy}{dx} = \dfrac{dy}{du}\dfrac{du}{dx}$

三角関数の微分公式

$$(\sin x)' = \cos x, \quad (\cos x)' = -\sin x, \quad (\tan x)' = \frac{1}{\cos^2 x}$$

$$\{\sin f(x)\}' = f'(x)\cos f(x), \quad \{\cos f(x)\}' = -f'(x)\sin f(x),$$

$$\{\tan f(x)\}' = \frac{f'(x)}{\cos^2 f(x)}$$

対数関数の微分公式 $a > 0$, $a \neq 1$ のとき $(\log_a x)' = \dfrac{1}{x \log a}$

$$(\log x)' = \frac{1}{x}, \quad \{\log|f(x)|\}' = \frac{f'(x)}{f(x)}$$

指数関数の微分公式 $a > 0$, $a \neq 1$ のとき

$$(a^x)' = a^x \log a, \quad \{a^{f(x)}\}' = f'(x)a^{f(x)} \log a$$

$$(e^x)' = e^x, \quad \{e^{f(x)}\}' = f'(x)e^{f(x)}$$

両辺の対数をとって微分する方法を**対数微分法**という.

実数 α に対して, $(x^\alpha)' = \alpha x^{\alpha-1} \quad (x > 0)$

逆関数の微分法 逆関数 $y = f^{-1}(x)$ に対して $\dfrac{dy}{dx} = \dfrac{1}{\frac{dx}{dy}}$

逆三角関数の微分

$$(\sin^{-1} x)' = \frac{1}{\sqrt{1-x^2}}, \quad (\cos^{-1} x)' = -\frac{1}{\sqrt{1-x^2}}, \quad (\tan^{-1} x)' = \frac{1}{1+x^2}$$

A

33 次の関数を微分せよ.　◀教問 2.16

(1) $y = x^2(2x^3 - 1)$

(2) $y = (-x+1)(x^2 - 3x + 5)$

(3) $y = (3x^4 + 2)(4x^2 - 1)$

(4) $y = \dfrac{(x^3 - 5x^2)(2x+5)}{6}$

34 次の関数を微分せよ.　◀教問 2.16

(1) $y = \dfrac{2}{x+1}$　(2) $y = \dfrac{x}{x-1}$

(3) $y = \dfrac{7x}{x^2 + x + 1}$　(4) $y = \dfrac{3x^2 - 4}{1 - 2x}$

35 次の関数を微分せよ.　◀教問 2.17

(1) $y = 3x^{-2}$　(2) $y = 2 - \dfrac{1}{3x^4}$　(3) $y = \dfrac{5}{x^6} - 4x^3$

36 次の関数を微分せよ.　◀教問 2.18

(1) $y = (x+3)^4$　(2) $y = (-2x+5)^6$　(3) $y = (3x-2)^3$

(4) $y = \dfrac{-2}{(3x+1)^4}$　(5) $y = \dfrac{6}{(4-5x)^3}$　(6) $y = \dfrac{\sqrt{2}}{(\sqrt{2}\,x - 1)^2}$

37 次の関数を微分せよ.　◀教問 2.19

(1) $y = 3\sin 4x$　(2) $y = -3\sin(x^2)$　(3) $y = \sin^2 \dfrac{x}{2}$

38 次の関数を微分せよ.　◀教問 2.19

(1) $y = \cos 2x$　(2) $y = 2\cos^4 x$　(3) $y = \cos(x^2 + 1)$

39 次の関数を微分せよ.　((3)：新潟大学)　◀教問 2.19

(1) $y = \tan 3x$　(2) $y = \tan(x^3)$　(3) $y = \tan(x^2 - 3x)$

40 次の関数を微分せよ. ◀教問 2.19

(1) $y=\sin 2x\cos 3x$ (2) $y=\tan 5x\cos 7x$

(3) $y=\dfrac{\cos x}{\sin 2x}$ (4) $y=\dfrac{\sin x}{1-\cos x}$

(5) $y=\tan^2(4x+1)$ (6) $y=(4\sin 2x-1)^3$

41 次の関数を微分せよ. ◀教問 2.20

(1) $y=\log(5x-1)$ (2) $y=\log(x+2)(x-4)$ (3) $y=\log\dfrac{x+2}{x}$

(4) $y=\log_4 4x$ (5) $y=\log\sqrt{x^2+2}$ (6) $y=\log|\sin x|$

42 次の関数を微分せよ. ◀教問 2.21

(1) $y=e^{-2x+1}$ (2) $y=3xe^{4x}$ (3) $y=5^{3x}$

(4) $y=\dfrac{1}{e^x+e^{-x}}$ (5) $y=3^x\cos 2x$ (6) $y=e^x\tan 2x$

(7) $y=(e^x-e^{-x})^3$ (8) $y=x^2\cdot 3^x$ (9) $y=\dfrac{e^{2x}+2}{x-1}$

43 次の関数を,対数微分法を用いて微分せよ. ◀教問 2.22

(1) $y=x^{3x}\quad(x>0)$ (2) $y=\dfrac{(x-2)^4}{(x^2+1)^3}$

(3) $y=\sqrt[3]{(x+3)^2(x-1)^4}$

44 次の逆正弦関数の値を求めよ. ◀教問 2.23

(1) $\sin^{-1}0$ (2) $\sin^{-1}\left(-\dfrac{\sqrt{3}}{2}\right)$ (3) $\sin^{-1}\dfrac{\sqrt{2}}{2}$

(4) $\sin^{-1}1$ (5) $\sin^{-1}\left(-\dfrac{1}{2}\right)$ (6) $\sin^{-1}\left(-\dfrac{\sqrt{2}}{2}\right)$

45 次の逆余弦関数の値を求めよ. ◀教問 2.23

(1) $\cos^{-1}0$ (2) $\cos^{-1}\dfrac{1}{2}$ (3) $\cos^{-1}\dfrac{\sqrt{3}}{2}$

(4) $\cos^{-1}(-1)$ (5) $\cos^{-1}\left(-\dfrac{\sqrt{2}}{2}\right)$ (6) $\cos^{-1}1$

46 次の逆正接関数の値を求めよ. ◀教問 2.23

(1) $\tan^{-1}(-1)$ (2) $\tan^{-1}\sqrt{3}$ (3) $\tan^{-1}0$

(4) $\tan^{-1}\left(-\dfrac{1}{\sqrt{3}}\right)$ (5) $\tan^{-1}(-\sqrt{3})$

47　逆関数の微分法を用いて，関数 $y=\sqrt[3]{x}$ の導関数を求めよ．　◀教問 2.24

48　次の関数を微分せよ．　◀教問 2.25

(1)　$y=\sin^{-1}7x$　(2)　$y=\sin^{-1}\dfrac{x}{3}$　(3)　$y=\sin^{-1}x^2$

49　次の関数を微分せよ．　◀教問 2.25

(1)　$y=\cos^{-1}(4x+1)$　(2)　$y=\cos^{-1}\dfrac{x}{8}$　(3)　$y=\cos^{-1}x^2$

50　次の関数を微分せよ．　◀教問 2.25

(1)　$y=\tan^{-1}(2x+9)$　(2)　$y=\tan^{-1}\dfrac{1}{x}$　(3)　$y=\tan^{-1}x^2$

B

例題 2.4　$x^2+y^2=4$ について，$\dfrac{dy}{dx}$ を求めよ．また $x=1$ における微分係数を求めよ．

解く前に　$x^2+y^2=4$ のように，$f(x,y)=0$ の形で表される関数を**陰関数**という（教科書 5.8 節参照）．

解　$x^2+y^2=4$ の両辺を x で微分すると，合成関数の微分法より

$$2x+2yy'=0$$

となる．したがって $y'=\dfrac{dy}{dx}=-\dfrac{x}{y}$ $\cdots$① を得る．

$x=1$ を $x^2+y^2=4$ に代入すると，$y=\pm\sqrt{3}$ であるから①より

$$\left.\frac{dy}{dx}\right|_{(x,y)=(1,\pm\sqrt{3})}=\pm\frac{1}{\sqrt{3}}$$

を得る．■

■**補足**　$x^2+y^2=4$ より，

$$y=\pm\sqrt{4-x^2}=\pm(4-x^2)^{\frac{1}{2}}$$

であるから，合成関数の微分法より次のように計算できる．

$$y'=\left\{\pm(4-x^2)^{\frac{1}{2}}\right\}'=\pm\frac{1}{\cancel{2}}(4-x^2)^{-\frac{1}{2}}(-\cancel{2}x)=\frac{-x}{\pm\sqrt{4-x^2}}\left(=-\frac{x}{y}\right)$$

51 次の関数の指定された値における微分係数を求めよ．

(1) $y^2 = 4x \quad [x=4]$　(2) $x^2 + y^2 = 6 \quad [x=-1]$

(3) $\dfrac{x^2}{4} - \dfrac{y^2}{8} = 1 \quad [x=3]$　(4) $\dfrac{(x-1)^2}{3} + \dfrac{y^2}{2} = 1 \quad [x=2]$

52 次の関数を微分せよ．　（(5)：関西大学）

(1) $y = \dfrac{4x+1}{\sqrt{x-2}}$　(2) $y = \log\left|\tan\dfrac{x}{2}\right|$

(3) $y = \log(e^x + 1)$　(4) $y = x\sin^{-1}\sqrt{x}$

(5) $y = \log\sqrt[3]{(x+2)^2}$　(6) $y = \dfrac{x}{x - \sqrt{x^2+2}}$

53 次の関数の指定された値における微分係数を求めよ．

(1) $f(x) = \sqrt{2x^2 - x} \quad (x=1)$

(2) $f(x) = \sin 3x \quad \left(x = \dfrac{7}{3}\pi\right)$

(3) $f(x) = \tan\dfrac{x}{4} \quad (x = 3\pi)$

(4) $f(x) = \log|4x-1| \quad (x=3)$

(5) $f(x) = xe^{x^2} \quad (x=2)$

(6) $f(x) = \dfrac{2x+1}{x-3} \quad (x=4)$

54 次の関数の導関数を求めよ．また $f'(x) = 0$ となる x の値を求めよ．

(1) $f(x) = \dfrac{2x}{x^2+1}$　(2) $f(x) = \dfrac{1-x}{x^2-x+1}$

(3) $f(x) = 2x\sqrt{5-x}$　(4) $f(x) = (x-5)\sqrt{x^2+3}$

55 次を示せ．

(1) $\sin^{-1}x + \cos^{-1}x = \dfrac{\pi}{2} \quad (-1 \leqq x \leqq 1)$

(2) $\tan^{-1}x + \tan^{-1}\dfrac{1}{x} = \dfrac{\pi}{2} \quad (x > 0)$

2.4 微分とグラフ・方程式

接線の方程式　曲線 $y=f(x)$ の点 $(a,f(a))$ における接線の方程式は

$$y-f(a)=f'(a)(x-a)$$

法線の方程式　曲線 $y=f(x)$ の点 $(a,f(a))$ における法線の方程式は

(1)　$y-f(a)=-\dfrac{1}{f'(a)}(x-a)$　$(f'(a)\neq 0)$　　(2)　$x=a$　$(f'(a)=0)$

関数の増減

(1)　ある区間で常に $f'(x)>0$ ならば $f(x)$ は増加する．

(2)　ある区間で常に $f'(x)<0$ ならば $f(x)$ は減少する．

(3)　ある区間で常に $f'(x)=0$ ならば $f(x)$ は定数である．

極大・極小

(1)　微分可能な関数 $f(x)$ が $x=a$ の前後で増加から減少に転じるとき，つまり $f'(x)$ がプラスからマイナスに変わるとき，$x=a$ で $f(a)$ は**極大**であるといい，$f(a)$ を**極大値**という．

(2)　微分可能な関数 $f(x)$ が $x=a$ の前後で減少から増加に転じるとき，つまり $f'(x)$ がマイナスからプラスに変わるとき，$x=a$ で $f(a)$ は**極小**であるといい，$f(a)$ を**極小値**という．

※極大値と極小値を合わせて**極値**という．$x=a$ で極値となる場合は一般に $f'(a)=0$ であるが，$f'(a)=0$ であっても極値となるとは限らない．

増減・極値を調べてグラフをかく手順

①　$y'=0$ となる x の値を求める．

②　増減表を作成する．

③　増減表より極値を求めてグラフをかく．

グラフの応用

①　最大・最小 $\Longrightarrow$ 指定された範囲で増減表を作成する．

②　方程式 $f(x)=k$ の異なる実数解の個数

$\Longrightarrow$ $y=f(x)$ のグラフをかき，直線 $y=k$ との交点の個数を調べる．

③　不等式 $f(x)>g(x)$　$(f(x)\geqq g(x))$ の証明

$\Longrightarrow$ 関数 $y=f(x)-g(x)$ の増減表を作成し，最小値 >0 $(\geqq 0)$ を示す．

A

56 次の曲線の（ ）内に与えられた点における接線の方程式を求めよ.

◀教問 2.26, 2.27

(1) $y = 4x - x^2$ $(x = 1)$

(2) $y = \log(x+1)$ $(x = 0)$

(3) $y = \dfrac{1}{x+1}$ $(x = 0)$

(4) $y = \sqrt{x^2 - 3}$ $(x = 2)$

57 次の曲線の（ ）内に与えられた点における法線の方程式を求めよ.

◀教問 2.28

(1) $y = x^3$ $(x = 1)$　(2) $y = \dfrac{1}{x}$ $(x = 1)$

(3) $y = \sin^{-1} x$ $(x = 0)$　(4) $y = \tan^{-1} x$ $(x = 0)$

58 次の関数の増減・極値を調べてグラフをかけ. ◀教問 2.29

(1) $y = x^3 - 3x - 2$　(2) $y = x^3 - 3x^2 + 8$

(3) $y = -x^4 + 2x^2 - 1$　(4) $y = 3x^4 - 4x^3$

59 増減・極値および極限値 $\lim_{x \to \pm\infty} y$ を調べて次の関数のグラフをかけ.

((2)：類題　関西大学) ◀教問 2.30

(1) $y = \dfrac{2x}{x^2 + 1}$

(2) $y = 2e^{-x} - e^{-2x}$

60 次の関数の（ ）内の区間における最大値・最小値を求めよ.

◀教問 2.31, 2.32

(1) $y = x^3 + 3x^2 - 9x + 20$ $(-5 \leqq x \leqq 2)$

(2) $y = \dfrac{2}{x} + \log x$ $(1 \leqq x \leqq e)$

61 次の方程式の異なる実数解の個数を調べよ. ◀教問 2.34

(1) $x^4 - 4x^3 + 4x^2 = 1$

(2) $x\sqrt{6 - x} = 4$

62　3 次関数 $f(x) = x^3 + ax^2 + bx$ について，これが 2 つの極値（極大値と極小値）をもつのは，2 つの係数 a と b に関してどのような条件式（不等式）が成り立つときかを答えよ．　（工学院大学）　教問 2.29

63　（ ）内の範囲で次の不等式を証明せよ．　教問 2.36

(1)　$\sin x \leqq x$　$(x \geqq 0)$　　(2)　$\dfrac{\pi}{2} - x \leqq \cos x$　$\left(x \geqq \dfrac{\pi}{2}\right)$

B

例題 2.5　点 $\mathrm{P}(1, 0)$ を通る曲線 $y = x^3 + kx + 1$ の接線が 3 本存在するときの実数 k の値の範囲を求めよ．　（山口大学）

解　曲線上の点 $(a, a^3 + ka + 1)$ における接線の方程式は，$y' = 3x^2 + k$ より

$$y - (a^3 + ka + 1) = (3a^2 + k)(x - a) \qquad \cdots ①$$

である．さらに，この接線が点 $\mathrm{P}(1, 0)$ を通れば，①に $(x, y) = (1, 0)$ を代入して

$$0 - (a^3 + ka + 1) = (3a^2 + k)(1 - a)$$

すなわち

$$2a^3 - 3a^2 = k + 1 \qquad \cdots ②$$

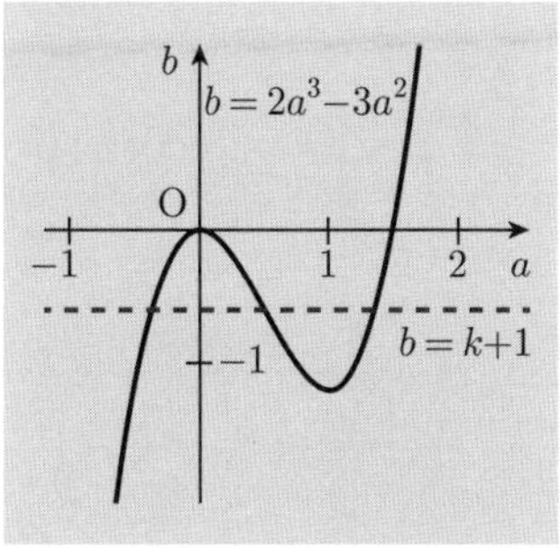

点 P を通る接線が 3 本存在するのは，a に関する方程式②が 3 個の異なる実数解をもつときだから，$b = 2a^3 - 3a^2$ とおいて増減を調べ，グラフをかくと図のようになる．

方程式②が 3 個の異なる実数解をもつには直線 $b = k+1$ と曲線 $b = 2a^3 - 3a^2$ の交点が 3 個あればよいので，グラフより

$$-1 < k + 1 < 0$$

したがって求める実数 k の値の範囲は

$$-2 < k < -1$$

となる．■

例題 2.6

円 $x^2+y^2=3$ 上の点 A と，点 A から x 軸に下ろした垂線が再びこの円と交わる点 B および点 C$(-1,0)$ を頂点とする二等辺三角形 △ABC の面積の最大値を求めよ．

解　点 A の y 座標を正の数であるとしても一般性は失われないので，A$(a,\sqrt{3-a^2})$ とすると，B$(a,-\sqrt{3-a^2})$ である．また点 A の x 座標 a が負の場合は，2 点 $(0,\sqrt{3}),(0,-\sqrt{3})$ および点 C$(-1,0)$ を頂点とする三角形の面積のほうが三角形 △ABC の面積より大きいから，$a \geqq 0$ としてよい．

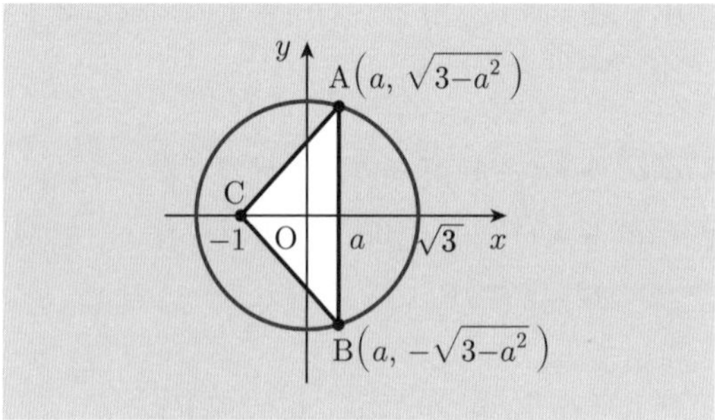

$a \geqq 0$ のとき △ABC の面積を $f(a)$ とすると

$$f(a)=(1+a)\sqrt{3-a^2}$$

となる．

$0 \leqq a \leqq \sqrt{3}$ の範囲での $f(a)$ の増減表を作成すると

$$f'(a)=\frac{-(a-1)(2a+3)}{\sqrt{a^2-3}}$$

より

a	0	$\cdots$	1	$\cdots$	$\sqrt{3}$
$f'(a)$	／	+	0	−	／
$f(a)$	$\sqrt{3}$	↗	$2\sqrt{2}$	↘	0

だから，最大値は $2\sqrt{2}$　■

64 関数 $y = e^{-3x}$ のグラフの任意の点 A より x 軸に下ろした垂線の足を B とし，点 A における接線と軸 x との交点を C とするとき，線分 BC の長さを求めよ．（熊本大学）

65 2 つの放物線 $y = x^2$ と $y = x^2 - 2x$ の共通接線を求めよ．

66 放物線 $y = x^2$ の法線で，点 $\left(0, \dfrac{3}{2}\right)$ を通るものをすべて求めよ．

67 関数 $y = x^3 - 3x^2 + 2x$ のグラフと直線 $y = ax$ との交点の個数を調べよ．ただし a は実数とする．（類題　長崎大学）

解く前に　$y = x^3 - 3x^2 + 2x$ の接線で原点を通る直線を求めると $y = 2x$ と $y = -\dfrac{1}{4}x$ であることに注意する．

68 次の方程式の異なる実数解の個数を調べよ．ただし k は実数とする．

(1)　$x^3 - 3x^2 = k$　教問 2.35

(2)　$x\sqrt{4 - x^2} = k$

69 半径が 1 の円に内接する三角形 △ABC の面積の最大値を求めよ．

解く前に　円に内接する三角形の面積が最大であれば，それは二等辺三角形でなければならないので，A$(a, \sqrt{1 - a^2})$, B$(a, -\sqrt{1 - a^2})$, C$(-1, 0)$ としても一般性は失われない.）

70 曲線 $y = \sqrt{x + 1}$ 上の点 P における接線と x 軸および y 軸によって囲まれる三角形の面積を最小とする点 P の座標を求めよ．

解く前に　点 P$(t, \sqrt{t + 1})$（$t > -1$）とおいて，点 P における曲線 $y = \sqrt{x + 1}$ の接線の方程式を求める．

C 発展問題

71 次が成り立つような定数 a の値を求めよ．（豊橋技術科学大学）

$$\lim_{x\to\infty}(x+a-\sqrt{x^2+x+1})=1$$

解く前に $\dfrac{x+a-\sqrt{x^2+x+1}}{1}$ について，分子を有理化する．

72 次の関数を微分せよ．（(1)：首都大学東京，(2)：豊橋技術科学大学，(3)：お茶の水女子大学，(4)：埼玉大学，(5)：鹿児島大学）

(1)　$y=xe^{-x^2}$　(2)　$y=\log(\sqrt{x^2+1}+x)$

(3)　$y=x^{x^x}$　(4)　$y=\sin^{-1}\left(\dfrac{1}{2x^2+1}\right)$

(5)　$y=\dfrac{\cos^2 x}{(2x+1)^2}$

73 次の問いに答えよ．（愛媛大学）

(1)　次の曲線上の与えられた点 (a,b) における接線の方程式を求めよ．

(i)　$y=x\log x,\ (a,b)=(e,e)$

(ii)　$y=\dfrac{e^{2x}-e^{-x}}{e^{3x}+e^{-2x}},\ (a,b)=(0,0)$

(2)　次の極限値を求めよ．

$$\lim_{x\to 4}\frac{3-\sqrt{2x+1}}{\sqrt{x}-2}$$

74 関数

$$y=|x^3-3x|$$

の増減を調べ，極値を求め，グラフをかけ．（北見工業大学）

75 関数

$$y=\frac{e^x-e^{-x}}{e^x+e^{-x}}$$

の増減・極値を調べ，グラフをかけ．また，極限値 $\displaystyle\lim_{x\to\pm\infty}y$ を調べて値域も求めよ．（広島大学）

76 xy 平面上の点 P から曲線 $y = x^3 - 3x$ に相異なる接線が 3 本引けるとき，点 P の存在範囲を xy 平面上に図示せよ．

解く前に $y = x^3 - 3x$ 上の点 $(a, a^3 - 3a)$ における接線の方程式を考える．相異なる接線が 3 本引ける点 (x_0, y_0) を接線の方程式に代入してできる a に関する方程式は 3 つの異なる実数解をもつ．

77 関数 $f(x) = |x^3 - 3x - a|$ の $-\sqrt{3} \leqq x \leqq \sqrt{3}$ における最大値を $g(a)$ とする．$g(a)$ の最小値を求めよ．

78 $y = \cosh x = \dfrac{1}{2}(e^x + e^{-x})$（教科書 2 章 演習問題 B の問題 8 を参照）の逆関数 $y = \cosh^{-1} x$ について，次の各式を示せ．（滋賀県立大学）

(1) $y = \cosh^{-1} x = \pm \log(x + \sqrt{x^2 - 1})$

(2) $y > 0$ の $y = \cosh^{-1} x = \log(x + \sqrt{x^2 - 1})$ について

$$y' = \frac{d}{dx} \cosh^{-1} x = \frac{1}{\sqrt{x^2 - 1}}$$

79 （ ）内の範囲で次の不等式を証明せよ．（京都工芸繊維大学）

(1) $\tan^{-1} x > x - \dfrac{x^3}{3}$ $(x > 0)$

(2) $\sin^{-1} x + \sqrt{2(1 - x)} \leqq \dfrac{\pi}{2}$ $(-1 \leqq x \leqq 1)$

80 正の整数 n と $l \leqq m$ を満たす正の整数 l, m に対して，不等式

$$\left(\frac{l}{m}\right)^n - \left(\frac{l}{m}\right)^{n+1} \leqq \frac{n^n}{(n+1)^{n+1}}$$

が成り立つことを証明せよ．

81 $a > 1$ とし，次の不等式を考える．（東京工業大学）

$$\frac{e^t - 1}{t} \geqq e^{\frac{t}{a}} \qquad \cdots ①$$

(1) $a = 2$ のとき，すべての $t > 0$ に対して上の不等式①が成り立つことを示せ．

(2) すべての $t > 0$ に対して上の不等式①が成り立つような a の範囲を求めよ．

3 積分の基礎

3.1 不定積分

※この節において以下で登場する C は積分定数とする．

不定積分 関数 $f(x)$ の原始関数を $F(x)$ とする．$\displaystyle\int f(x)\,dx = F(x) + C$

不定積分の公式

(1) $\displaystyle\int x^{\alpha}\,dx = \frac{1}{\alpha+1}x^{\alpha+1} + C$ （$\alpha \neq -1$ は実数）

(2) $\displaystyle\int \frac{1}{x}\,dx = \log|x| + C$

(3) $\displaystyle\int e^{x}\,dx = e^{x} + C$

(4) $\displaystyle\int a^{x}\,dx = \frac{a^{x}}{\log a} + C$

(5) $\displaystyle\int \sin x\,dx = -\cos x + C$

(6) $\displaystyle\int \cos x\,dx = \sin x + C$

(7) $\displaystyle\int \frac{1}{\sin^2 x}\,dx = -\frac{1}{\tan x} + C$

(8) $\displaystyle\int \frac{1}{\cos^2 x}\,dx = \tan x + C$

(9) $\displaystyle\int \frac{1}{\sqrt{a^2 - x^2}}\,dx = \sin^{-1}\frac{x}{a} + C$ （$a > 0$）

(10) $\displaystyle\int \frac{-1}{\sqrt{a^2 - x^2}}\,dx = \cos^{-1}\frac{x}{a} + C$ （$a > 0$）

(11) $\displaystyle\int \frac{1}{x^2 + a^2}\,dx = \frac{1}{a}\tan^{-1}\frac{x}{a} + C$ （$a \neq 0$）

(12) $\displaystyle\int \frac{1}{\sqrt{x^2 + A}}\,dx = \log\left|x + \sqrt{x^2 + A}\right| + C$ （$A \neq 0$）

(13) $\displaystyle\int \sqrt{a^2 - x^2}\,dx = \frac{1}{2}\left(x\sqrt{a^2 - x^2} + a^2\sin^{-1}\frac{x}{a}\right) + C$ （$a > 0$）

(14) $\displaystyle\int \sqrt{x^2 + A}\,dx = \frac{1}{2}\left(x\sqrt{x^2 + A} + A\log\left|x + \sqrt{x^2 + A}\right|\right) + C$ （$A \neq 0$）

※ $\displaystyle\int \frac{1}{x^2 - a^2}\,dx = \frac{1}{2a}\log\left|\frac{x - a}{x + a}\right| + C$ （$a \neq 0$）

不定積分の線形性 a, b が定数のとき

$$\int \{af(x) + bg(x)\}\, dx = a\int f(x)\, dx + b\int g(x)\, dx$$

よく使う積分公式 関数 $f(x)$ の原始関数を $F(x)$ とするとき

$$\int f(ax+b)\, dx = \frac{1}{a}F(ax+b) + C$$

以下 (1)〜(5) について，a と b は定数で，$a \neq 0$ とする．

(1) $\displaystyle\int (ax+b)^{\alpha}\, dx = \frac{1}{a(\alpha+1)}(ax+b)^{\alpha+1} + C$ （$\alpha \neq -1$ は実数）

(2) $\displaystyle\int \frac{1}{ax+b}\, dx = \frac{1}{a}\log|ax+b| + C$

(3) $\displaystyle\int e^{ax+b}\, dx = \frac{1}{a}e^{ax+b} + C$

(4) $\displaystyle\int \sin(ax+b)\, dx = -\frac{1}{a}\cos(ax+b) + C$

(5) $\displaystyle\int \cos(ax+b)\, dx = \frac{1}{a}\sin(ax+b) + C$

置換積分法 関数 $x = g(t)$ とおくと

$$\int f(x)\, dx = \int f(g(t))g'(t)\, dt = \int f(g(t))\frac{dx}{dt}\, dt$$

特に，$\displaystyle\int \frac{f'(x)}{f(x)}\, dx = \log|f(x)| + C$

部分積分法 [I] $\displaystyle\int f'(x)g(x)\, dx = f(x)g(x) - \int f(x)g'(x)\, dx$

[II] $\displaystyle\int f(x)g'(x)\, dx = f(x)g(x) - \int f'(x)g(x)\, dx$

三角関数の積分 $t = \tan\dfrac{x}{2}$ とおくと

$$dx = \frac{2}{1+t^2}\, dt, \quad \sin x = \frac{2t}{1+t^2}, \quad \cos x = \frac{1-t^2}{1+t^2}, \quad \tan x = \frac{2t}{1-t^2}$$

A

1 次が成り立つことを，右辺を微分して確かめよ． ◀教問 3.1

$$\int \log_a x\,dx = \frac{x}{\log a}(\log x - 1) + C \quad (a \neq 1, a > 0)$$

2 次の不定積分を求めよ． ◀教問 3.2

(1) $\displaystyle\int (2x^2 + 5x - 1)\,dx$　(2) $\displaystyle\int x\sqrt{x}\,dx$

(3) $\displaystyle\int (x-1)^3\,dx$　(4) $\displaystyle\int (x^{-3} - 5x^{-4})\,dx$

(5) $\displaystyle\int (2x+1)(3x-4)\,dx$　(6) $\displaystyle\int \frac{2}{\sqrt[3]{x}}\,dx$

3 次の不定積分を求めよ． ◀教問 3.2

(1) $\displaystyle\int (x^3 + x^{-\frac{1}{2}} - e^x)\,dx$　(2) $\displaystyle\int \frac{1 - \cos x}{2}\,dx$

(3) $\displaystyle\int (1 + \tan^2 x)\,dx$

4 次の不定積分を求めよ． ◀教問 3.2

(1) $\displaystyle\int \frac{1}{\sqrt{9 - x^2}}\,dx$　(2) $\displaystyle\int \frac{-1}{\sqrt{16 - x^2}}\,dx$

(3) $\displaystyle\int \frac{1}{x^2 + 25}\,dx$　(4) $\displaystyle\int \frac{1}{\sqrt{10 - 2x^2}}\,dx$

5 次の不定積分を求めよ． ◀教問 3.2

(1) $\displaystyle\int \frac{1}{\sqrt{x^2 + 2}}\,dx$　(2) $\displaystyle\int \frac{1}{\sqrt{x^2 - 3}}\,dx$

(3) $\displaystyle\int \sqrt{2 - x^2}\,dx$　(4) $\displaystyle\int \sqrt{x^2 - 5}\,dx$

6 次の不定積分を求めよ． ◀教問 3.3

(1) $\displaystyle\int (5x-2)^6\,dx$　(2) $\displaystyle\int (2x+1)^3\,dx$

(3) $\displaystyle\int (x+3)^{-2}\,dx$　(4) $\displaystyle\int \sqrt{3x - 5}\,dx$

(5) $\displaystyle\int \frac{4}{(2x+7)^3}\,dx$　(6) $\displaystyle\int \frac{5}{\sqrt{3x - 2}}\,dx$

7 次の不定積分を求めよ. ◀教問 3.3

(1) $\displaystyle\int \frac{3}{x+2}\,dx$ (2) $\displaystyle\int \frac{12}{6x-1}\,dx$

(3) $\displaystyle\int e^{1-5x}\,dx$ (4) $\displaystyle\int 8e^{4x+3}\,dx$

(5) $\displaystyle\int 6^{5x-1}\,dx$ (6) $\displaystyle\int 2^{-3x+2}\,dx$

8 次の不定積分を求めよ. ◀教問 3.3

(1) $\displaystyle\int \sin(4x+3)\,dx$ (2) $\displaystyle\int \cos(5x-2)\,dx$

(3) $\displaystyle\int \sin\frac{x}{2}\,dx$ (4) $\displaystyle\int 8\cos\frac{8x+5}{3}\,dx$

9 次の不定積分を求めよ. ◀教問 3.4

(1) $\displaystyle\int (2\cos^2 x - 1)\,dx$ (2) $\displaystyle\int (\sin x + \cos x)^2\,dx$

(3) $\displaystyle\int \sin 7x\cos 3x\,dx$ (4) $\displaystyle\int \sin 4x\sin 3x\,dx$

(5) $\displaystyle\int \cos 8x\cos 2x\,dx$ (6) $\displaystyle\int \cos^2 x\,(1-\sin^2 x)\,dx$

10 次の不定積分を求めよ. ◀教問 3.5

(1) $\displaystyle\int 2x(x^2-1)^4\,dx$ (2) $\displaystyle\int x(e^{x^2}+1)\,dx$

(3) $\displaystyle\int \cos x\sin^5 x\,dx$ (4) $\displaystyle\int \frac{(\log x)^3}{x}\,dx$

(5) $\displaystyle\int \frac{\sqrt{1+\log x}}{x}\,dx$ (6) $\displaystyle\int x^3 e^{x^4+1}\,dx$

11 次の不定積分を求めよ. ◀教問 3.6

(1) $\displaystyle\int \frac{6x^2-5}{2x^3-5x+3}\,dx$ (2) $\displaystyle\int \frac{\cos x}{\sin x+2}\,dx$

(3) $\displaystyle\int \frac{e^x-e^{-x}}{e^x+e^{-x}}\,dx$ (4) $\displaystyle\int \frac{x}{x^2+3}\,dx$

12 次の不定積分を求めよ．ただし $a \neq 1,\ a > 0$ とする． ◀教問 3.7

(1) $\displaystyle\int xe^{3x}\,dx$ (2) $\displaystyle\int xa^{x}\,dx$

(3) $\displaystyle\int x^2 \log x\,dx$ (4) $\displaystyle\int \log_5 x\,dx$

13 次の不定積分を求めよ． ◀教問 3.7

(1) $\displaystyle\int x\cos 2x\,dx$ (2) $\displaystyle\int x\sin x\,dx$

(3) $\displaystyle\int (3x-1)\cos 4x\,dx$ (4) $\displaystyle\int (2-5x)\sin 3x\,dx$

14 次の不定積分を求めよ． ◀教問 3.8

(1) $\displaystyle\int \frac{x+7}{x^2-x-2}\,dx$ (2) $\displaystyle\int \frac{x-18}{4-x^2}\,dx$

(3) $\displaystyle\int \frac{3x^2+x+10}{(x-2)(x^2+4)}\,dx$ (4) $\displaystyle\int \frac{x-3}{(x-1)^2}\,dx$

15 次の不定積分を求めよ． ◀教問 3.9

(1) $\displaystyle\int \frac{1}{3x^2-9}\,dx$ (2) $\displaystyle\int \frac{1}{2x^2-8}\,dx$

(3) $\displaystyle\int \frac{10}{25-x^2}\,dx$ (4) $\displaystyle\int \frac{\sqrt{7}}{x^2-7}\,dx$

16 次の不定積分を求めよ． ◀教問 3.10

(1) $\displaystyle\int \frac{1}{1+\cos x}\,dx$ (2) $\displaystyle\int \frac{1}{1-\sin x}\,dx$

(3) $\displaystyle\int \frac{1}{\cos x-\sin x}\,dx$ (4) $\displaystyle\int \frac{1+\cos x}{\cos x\,(1+\sin x)}\,dx$

17 次の不定積分を求めよ． ◀教問 3.11

(1) $\displaystyle\int \sin^3 x\,dx$ (2) $\displaystyle\int \cos^5 x\,dx$

18 次の条件を満たす関数 $f(x)$ を求めよ． ◀教演習問題 A の 2

(1) $f'(x) = 3x^2 + \sqrt{x},\ f(1) = 2$

(2) $f'(x) = e^x - \dfrac{1}{x+1},\ f(0) = 3$

B

例題 3.1 次の不定積分を求めよ.

(1) $\displaystyle\int \frac{1}{\sqrt{3-2x-x^2}}\,dx$　　(2) $\displaystyle\int \frac{1}{\sqrt{x^2-4x+2}}\,dx$

解 (1) 公式 $\displaystyle\int \frac{1}{\sqrt{a^2-x^2}}\,dx = \sin^{-1}\frac{x}{a} + C$ を利用する.

分母の $\sqrt{\ }$ 内の式を平方完成すると,

$$3-2x-x^2 = 4-(x+1)^2$$

であるから

$$\int \frac{1}{\sqrt{3-2x-x^2}}\,dx = \int \frac{1}{\sqrt{4-(x+1)^2}}\,dx \quad \cdots①$$

$x+1=t$ とおくと, $dx=dt$ だから

$$① = \int \frac{1}{\sqrt{4-t^2}}\,dt = \sin^{-1}\frac{t}{2} + C = \sin^{-1}\frac{x+1}{2} + C$$

(2) 公式 $\displaystyle\int \frac{1}{\sqrt{x^2+A}}\,dx = \log\left|x+\sqrt{x^2+A}\right| + C$ $(A \neq 0)$ を利用する.

分母の $\sqrt{\ }$ 内の式を平方完成すると,

$$x^2-4x+2 = (x-2)^2-2$$

であるから

$$\int \frac{1}{\sqrt{x^2-4x+2}}\,dx = \int \frac{1}{\sqrt{(x-2)^2-2}}\,dx \quad \cdots②$$

$x-2=t$ とおくと, $dx=dt$ だから

$$② = \int \frac{1}{\sqrt{t^2-2}}\,dt = \log\left|t+\sqrt{t^2-2}\right| + C$$

$$= \log\left|x-2+\sqrt{x^2-4x+2}\right| + C$$

■

例題 3.2　次の不定積分を求めよ．

$$\int x^2 e^x \, dx$$

解　部分積分法を 2 回適用することにより，解いてみよう．

$$(\text{与式}) = \int \overset{f_1}{x^2}\ \overset{g_1'}{e^x}\, dx = \int x^2 (e^x)'\, dt$$

$$= x^2 e^x - \int (x^2)' e^x \, dx \quad \leftarrow 1 \text{ 回目の部分積分}$$

$$= x^2 e^x - 2 \int x e^x \, dx$$

$$= x^2 e^x - 2 \int \overset{f_2}{x}\ \overset{g_2'}{e^x}\, dx = x^2 e^x - 2 \int x (e^x)'\, dt$$

$$= x^2 e^x - 2 \left(x e^x - \int (x)' e^x \, dx \right) \quad \leftarrow 2 \text{ 回目の部分積分}$$

$$= x^2 e^x - 2(x e^x - e^x) + C$$

■

19　次の不定積分を求めよ．

(1)　$\displaystyle\int \frac{1}{\sqrt{-x^2 + 2x}}\, dx$　　(2)　$\displaystyle\int \frac{-1}{\sqrt{-x^2 - 4x + 5}}\, dx$

(3)　$\displaystyle\int \frac{1}{x^2 - 6x + 10}\, dx$　　(4)　$\displaystyle\int \frac{1}{\sqrt{x^2 - 4x + 7}}\, dx$

20　次の不定積分を求めよ．

(1)　$\displaystyle\int (x^2 + 1) e^{-x}\, dx$　　(2)　$\displaystyle\int e^{3x} \cos x \, dx$

(3)　$\displaystyle\int x^2 \sin 2x \, dx$　　(4)　$\displaystyle\int (\log x)^2\, dx$

21　次が成り立つことを確かめよ．ただし，n は整数，$n \geqq 0$ とする．

(1)　$\displaystyle I_n = \int x^n e^x \, dx$ のとき，$I_n = x^n e^x - n I_{n-1}$

(2)　$\displaystyle I_n = \int (\log x)^n \, dx$ のとき，$I_n = x(\log x)^n - n I_{n-1}$

22 次の不定積分を求めよ．

(1) $\displaystyle\int \frac{x}{\sqrt{3x+1}}\,dx$　　(2) $\displaystyle\int \frac{1}{x\sqrt{3x+1}}\,dx$

(3) $\displaystyle\int \frac{x+1}{x\sqrt{3x+1}}\,dx$　　(4) $\displaystyle\int \frac{1}{x+\sqrt{x-4}}\,dx$

(5) $\displaystyle\int x\cos^{-1}x\,dx$　　(6) $\displaystyle\int x\tan^{-1}x\,dx$

(7) $\displaystyle\int \frac{1}{\sqrt{(1-x^2)^3}}\,dx$　　(8) $\displaystyle\int \frac{1}{\sqrt{(1+x^2)^3}}\,dx$

(9) $\displaystyle\int \frac{x}{\sqrt{x-2}+1}\,dx$

23 次の不定積分を，置換積分法を用いて $x = a\sin\theta$ $(a>0)$ とおくことにより求めよ．

$$\int \frac{1}{x^2\sqrt{a^2-x^2}}\,dx$$

24 次の不定積分を，置換積分法を用いて $x = a\tan\theta$ $(a>0)$ とおくことにより求めよ．

$$\int \frac{a^3}{x^2(a^2+x^2)}\,dx$$

25 次の不定積分を，[　] 内の置換を用いて求めよ．

(1) $\displaystyle\int \frac{1}{x+\sqrt{x^2+1}}\,dx$　　$[x+\sqrt{x^2+1}=t]$

(2) $\displaystyle\int \frac{1}{x\sqrt{x^2+2}}\,dx$　　$[x+\sqrt{x^2+2}=t]$

26 次の不定積分を，置換積分法を用いて $t=e^x$ とおくことにより求めよ．

(1) $\displaystyle\int \frac{1}{e^x+1}\,dx$　　(2) $\displaystyle\int \frac{e^x+e^{-x}}{e^{2x}-e^{-2x}}\,dx$

27 曲線 $y=f(x)$ 上の任意の点 (x,y) における接線の傾きが $3x^2-2$ のとき，次を満たす曲線 $y=f(x)$ を求めよ．

(1) この曲線が原点を通るとき

(2) この曲線が点 $(2,5)$ を通るとき

3.2 定積分

定積分の定義　$F'(x) = f(x)$ のとき

$$\int_a^b f(x)\,dx = \Big[F(x)\Big]_a^b = F(b) - F(a)$$

微分積分学の基本定理　$\dfrac{d}{dx}\displaystyle\int_a^x f(t)\,dt = f(x)$

置換積分法

[I]　$x = g(t)$ とおくとき $a = g(\alpha)$, $b = g(\beta)$ ならば

$$\int_a^b f(x)\,dx = \int_\alpha^\beta f(g(t))g'(t)\,dt \quad \left[dx = g'(t)\,dt,\ \begin{array}{c|c} x & a \to b \\ \hline t & \alpha \to \beta \end{array} \right]$$

[II]　$t = g(x)$ とおくとき $a = g(\alpha)$, $b = g(\beta)$ ならば

$$\int_\alpha^\beta f(g(x))g'(x)\,dx = \int_a^b f(t)\,dt \quad \left[dt = g'(x)\,dx,\ \begin{array}{c|c} x & \alpha \to \beta \\ \hline t & a \to b \end{array} \right]$$

※ [II] の場合は $\alpha \leqq x \leqq \beta$ で $g(x)$ は単調増加または単調減少.

部分積分法

$$\int_a^b f'(x)g(x)\,dx = \Big[f(x)g(x)\Big]_a^b - \int_a^b f(x)g'(x)\,dx$$

原点に関して対称な区間における偶関数と奇関数の定積分

(1)　$f(x)$ が偶関数のとき　$\displaystyle\int_{-a}^a f(x)\,dx = 2\int_0^a f(x)\,dx$

(2)　$f(x)$ が奇関数のとき　$\displaystyle\int_{-a}^a f(x)\,dx = 0$

区間 $[0, \frac{\pi}{2}]$ における三角関数のべき乗の定積分

$$\int_0^{\frac{\pi}{2}} \cos^n x\,dx = \int_0^{\frac{\pi}{2}} \sin^n x\,dx = \begin{cases} \dfrac{n-1}{n}\dfrac{n-3}{n-2}\cdots\dfrac{1}{2}\dfrac{\pi}{2} & (n\text{ が偶数の場合}) \\ \dfrac{n-1}{n}\dfrac{n-3}{n-2}\cdots\dfrac{2}{3}\cdot 1 & (n\text{ が奇数の場合}) \end{cases}$$

A

28 次の定積分の値を求めよ． ◀教問 3.12

(1) $\displaystyle\int_0^1 (x^2-3x+1)\,dx$ (2) $\displaystyle\int_0^{\frac{\pi}{2}} \sin 2x\,dx$ (3) $\displaystyle\int_0^1 e^{2x}\,dx$

(4) $\displaystyle\int_0^3 \sqrt{x+1}\,dx$ (5) $\displaystyle\int_2^4 \frac{1}{x-1}\,dx$

29 次の定積分の値を求めよ． ((1)：東京海洋大学) ◀教問 3.12

(1) $\displaystyle\int_2^3 \frac{1}{x^2-1}\,dx$ (2) $\displaystyle\int_0^2 \frac{1}{x^2+4}\,dx$ (3) $\displaystyle\int_0^1 \frac{1}{\sqrt{4-x^2}}\,dx$

(4) $\displaystyle\int_0^1 \frac{1}{\sqrt{x^2+1}}\,dx$ (5) $\displaystyle\int_{\frac{\pi}{6}}^{\frac{\pi}{4}} \frac{1}{\sin^2 x}\,dx$

30 次の定積分の値を求めよ． ◀教問 3.14

(1) $\displaystyle\int_{-1}^2 |x|\,dx$ (2) $\displaystyle\int_{-1}^2 |1-x^2|\,dx$ (3) $\displaystyle\int_0^{2\pi} |\sin x|\,dx$

31 $f(x)=\displaystyle\int_0^x \sin t^2\,dt$ について次の問いに答えよ． (高知大学) ◀教問 3.15

(1) $f'(x)$ を求めよ．

(2) 実数 a に対して，$\displaystyle\lim_{x\to a}\frac{f(x)-f(a)}{x-a}$ を求めよ．

32 次の定積分の値を求めよ． ((4)：東京海洋大学) ◀教問 3.17

(1) $\displaystyle\int_0^{\sqrt{3}} \frac{x}{\sqrt{4-x^2}}\,dx$ (2) $\displaystyle\int_1^e \frac{(1+\log x)^2}{x}\,dx$

(3) $\displaystyle\int_0^1 2x\,e^{x^2+1}\,dx$ (4) $\displaystyle\int_0^1 \frac{x^2}{(x^3+1)^4}\,dx$

(5) $\displaystyle\int_0^{\frac{\pi}{2}} e^{\sin x}\cos x\,dx$ (6) $\displaystyle\int_0^{\frac{\pi}{2}} \frac{\cos x}{\sin x+1}\,dx$

(7) $\displaystyle\int_0^1 \frac{e^x}{\sqrt{e^x+1}}\,dx$

33 次の定積分の値を求めよ． ((1)：工学院大学) ◀教問 3.18

(1) $\displaystyle\int_{-1}^1 (x^{10}+x^9+x^8+x^7)\,dx$ (2) $\displaystyle\int_{-1}^1 x\sin(x^2+1)\,dx$

34　次の定積分の値を求めよ．（(2)：関西大学，(3)：東京海洋大学）　教問 3.19

(1) $\displaystyle\int_1^e x\log x\,dx$　　(2) $\displaystyle\int_0^{\frac{\pi}{2}} x\cos x\,dx$

(3) $\displaystyle\int_0^1 xe^{-x}\,dx$　　(4) $\displaystyle\int_0^{\pi} (x+1)\sin 2x\,dx$

35　次の定積分の値を求めよ．　教問 3.20

(1) $\displaystyle\int_{-1}^3 (x+1)(x-3)\,dx$　　(2) $\displaystyle\int_0^1 x(x-1)^2\,dx$

(3) $\displaystyle\int_{-2}^1 (x+2)^2(x-1)^3\,dx$

36　$I(a) = \displaystyle\int_{-\pi}^{\pi} e^{ax}\cos 4x\,dx$, $J(a) = \displaystyle\int_{-x}^{x} e^{ax}\sin 4x\,dx$ とおくとき，等式

$$I(a) = \frac{a}{a^2+16}(e^{\pi a} - e^{-\pi a}), \quad J(a) = \frac{4}{a^2+16}(e^{-\pi a} - e^{\pi a})$$

を示せ．ただし，a は実数とする．　教問 3.20

37　次の定積分の値を求めよ．　教問 3.21

(1) $\displaystyle\int_0^{\frac{\pi}{2}} \cos^8 x\,dx$　　(2) $\displaystyle\int_0^{\frac{3\pi}{2}} \cos^7 x\,dx$

(3) $\displaystyle\int_{\pi}^{2\pi} \sin^8 x\,dx$　　(4) $\displaystyle\int_{\pi}^{2\pi} \sin^7 x\,dx$

B

例題 3.3　定積分 $\displaystyle\int_{-1}^1 |x(x-1)|\,dx$ の値を求めよ．

解　$|x(x-1)| = \begin{cases} x(x-1) & (-1 \leqq x \leqq 0) \\ -x(x-1) & (0 \leqq x \leqq 1) \end{cases}$　だから

$$\int_{-1}^1 |x(x-1)|\,dx = \int_{-1}^0 x(x-1)\,dx - \int_0^1 x(x-1)\,dx$$

$$= \frac{5}{6} - \left(-\frac{1}{6}\right) = 1$$

■

例題 3.4 $x = \tan t$ とおいて，定積分 $\displaystyle\int_{-1}^{1} \frac{1}{x^2+1}\,dx$ の値を求めよ．

解 $x = \tan t$ とおくと

$$dx = (\tan t)'\,dt = \frac{dt}{\cos^2 t}$$

$$x^2 + 1 = \tan^2 t + 1 = \frac{1}{\cos^2 t}$$

だから

$$\int_{-1}^{1} \frac{1}{x^2+1}\,dx = 2\int_{0}^{1} \frac{1}{x^2+1}\,dx = 2\int_{0}^{\frac{\pi}{4}} \frac{1}{\frac{1}{\cos^2 t}} \frac{dt}{\cos^2 t}$$

$$= 2\int_{0}^{\frac{\pi}{4}} 1\,dt = 2\Big[t\Big]_{0}^{\frac{\pi}{4}} = \frac{\pi}{2}$$ ■

38 次の定積分の値を求めよ． ((1)：鹿児島大学，(2)：山梨大学，(3)：関西大学)

(1) $\displaystyle\int_{0}^{1} \frac{1}{x^2+3x+2}\,dx$ (2) $\displaystyle\int_{0}^{1} \frac{1}{x^2+x+1}\,dx$

(3) $\displaystyle\int_{0}^{2} \frac{3x+2}{x^2+4}\,dx$ (4) $\displaystyle\int_{-1}^{0} \frac{1}{\sqrt{x^2+2x+2}}\,dx$

(5) $\displaystyle\int_{1}^{\frac{3}{2}} \frac{1}{\sqrt{2x-x^2}}\,dx$

39 次の定積分の値を求めよ． ((1)：東京海洋大学，(2)：横浜国立大学)

(1) $\displaystyle\int_{0}^{1} \log(1+\sqrt{x})\,dx$ (2) $\displaystyle\int_{-1}^{1} x^2\sqrt{1-x}\,dx$

40 次の定積分の値を求めよ． ((1)：広島大学，(2)：鹿児島大学，(3)：名古屋工業大学，(4)：愛媛大学，(5)：茨城大学，(6)：島根大学)

(1) $\displaystyle\int_{0}^{x} (x-t)^2 \cos t\,dt$ (2) $\displaystyle\int_{0}^{\frac{\pi}{2}} x^2 \sin x\,dx$

(3) $\displaystyle\int_{0}^{1} (\sin^{-1} x)^2\,dx$ (4) $\displaystyle\int_{1}^{e^2} (\log x)^2\,dx$

(5) $\displaystyle\int_{0}^{1} x \tan^{-1} x\,dx$ (6) $\displaystyle\int_{0}^{1} x^5 \tan^{-1} x\,dx$

41 次の定積分の値を求めよ．

(1) $\displaystyle\int_0^{\frac{\pi}{3}} 2\sin^2 x\,dx$　(2) $\displaystyle\int_0^{\frac{\pi}{3}} \frac{1}{\cos x}\,dx$　(3) $\displaystyle\int_0^{\frac{\pi}{3}} \frac{1}{\sqrt{1+\cos x}}\,dx$

(4) $\displaystyle\int_0^{\frac{\pi}{2}} \frac{1}{1+\sin x}\,dx$　(5) $\displaystyle\int_0^{\frac{\pi}{2}} 2\sin 2x\cos x\,dx$

(6) $\displaystyle\int_0^{\frac{\pi}{2}} 2\sin 2x\sin x\,dx$　(7) $\displaystyle\int_0^{\frac{\pi}{2}} 2\cos 2x\cos x\,dx$

42 次の定積分の値を求めよ．

(1) $\displaystyle\int_{-1}^{1} |x(x+1)(x-1)|\,dx$　(2) $\displaystyle\int_0^{\frac{\pi}{2}} |\cos x-\sin x|\,dx$

(3) $\displaystyle\int_0^{\pi} \sqrt{\cos^2 x}\,dx$

43 次の定積分の値を求めよ．　((1), (3)：秋田大学)

(1) $\displaystyle\int_{-1}^{1} \frac{1}{(x^2+1)^{\frac{3}{2}}}\,dx$　(2) $\displaystyle\int_{-1}^{0} \frac{1}{(x^2+2x+2)^{\frac{3}{2}}}\,dx$

(3) $\displaystyle\int_{-2}^{2} x^2\sqrt{4-x^2}\,dx$　(4) $\displaystyle\int_1^{2} \sqrt{2x-x^2}\,dx$

44 $n=0,1,2,\ldots$ とするとき，次の等式を示せ．

$$\int_0^{\frac{\pi}{2}} \sin^n x\,dx=\int_{\frac{\pi}{2}}^{\pi} \sin^n x\,dx$$

45 次の関数を x について微分せよ．

(1) $\displaystyle f(x)=\int_0^{x} e^{x-t}\,dt$

(2) $\displaystyle f(x)=\int_0^{x} \cos(t-x)\,dt$

(3) $\displaystyle f(x)=\int_0^{x} e^{x}\sin(x-t)\,dt$

46 $f(x)=e^{-\frac{1}{2}(x-2)^2}$ のとき，関数 $g(x)$ を

$$g(x)=\frac{d}{dx}\int_{-x+2}^{x} (t-1)(t-3)f(t)\,dt$$

により定義する．このとき $g(2)$ を求めよ．　(東北大学)

3.3 面積・体積・曲線の長さ

※以下の公式に現れる関数 $f(x)$, $g(x)$, $S(x)$ は連続であるとする．

面　積　区間 $[a,b]$ で $f(x) \geqq 0$ とする．曲線 $y=f(x)$ と x 軸，および2直線 $x=a$, $x=b$ で囲まれた図形の面積を S とすると

$$S=\int_a^b f(x)\,dx$$

2曲線で囲まれた面積　区間 $[a,b]$ で $f(x) \geqq g(x)$ とする．曲線 $y=f(x)$ と曲線 $y=g(x)$，および2直線 $x=a$, $x=b$ で囲まれた図形の面積を S とすると

$$S=\int_a^b \{f(x)-g(x)\}\,dx$$

体　積　2平面 $x=a$, $x=b$ に囲まれた立体で x 軸に垂直な平面による断面積が $S(x)$ で与えられた立体の体積を V とすると

$$V=\int_a^b S(x)\,dx$$

回転体の体積　曲線 $y=f(x)$ と x 軸，および2直線 $x=a$, $x=b$ で囲まれた図形を x 軸のまわりに1回転してできる回転体の体積 V は

$$V=\pi\int_a^b y^2\,dx=\pi\int_a^b \{f(x)\}^2\,dx$$

曲線 $x=g(y)$ と y 軸，および2直線 $y=c$, $y=d$ で囲まれた図形を y 軸のまわりに1回転してできる回転体の体積 V は

$$V=\pi\int_c^d x^2\,dy=\pi\int_c^d \{g(y)\}^2\,dy$$

曲線の長さ　関数 $f(x)$ は区間 $[a,\,b]$ で連続な導関数 $f'(x)$ をもつものとする．このとき曲線 $y=f(x)$ の $x=a$ から $x=b$ までの部分の長さを L とすると

$$L=\int_a^b \sqrt{1+\{f'(x)\}^2}\,dx$$

回転面の面積♣ 関数 $f(x)$ は区間 $[a, b]$ で連続な導関数 $f'(x)$ をもつとする．このとき曲線 $y = f(x)$ の $a \leqq x \leqq b$ の部分を x 軸のまわりに1回転してできる回転面の面積を S とすると

$$S = 2\pi \int_a^b |y|\sqrt{1+(y')^2}\,dx$$
$$= 2\pi \int_a^b |f(x)|\sqrt{1+\{f'(x)\}^2}\,dx$$

A

47 次の曲線と直線で囲まれた図形の面積を求めよ． ◀教問 3.23

(1) $y = -x^2 + 2x$, x 軸

(2) $y = \dfrac{1}{x^2}$, $x = 1$, $x = 3$, x 軸

(3) $y = e^x$, $x = -1$, $x = 2$, x 軸

(4) $y = \cos x$, $x = 0$, $x = \dfrac{\pi}{6}$, x 軸

(5) $y = x(x-2)^2$, x 軸

(6) $y = \tan x$, $x = \dfrac{\pi}{3}$, x 軸

48 次の曲線または直線で囲まれた図形の面積を求めよ． ◀教問 3.24

(1) $y = x^2 - 6x + 5$, x 軸　(2) $y = x^2 - 2x$, $y = -x$

(3) $y = \dfrac{10}{x}$, $x + y = 7$　(4) $y = x^3$, $y = 4x^2 - 3x$

49 次の曲線と直線で囲まれた図形の面積を求めよ． ◀教問 3.25

(1) $x = e^{-y}$, $y = 0$, $y = 1$, y 軸　(2) $x = 9 - y^2$, y 軸

(3) $y = \sqrt{x}$, $y = x - 2$, x 軸　(4) $y = \sin^{-1}x$, $x = 1$, x 軸

50 底面の周が円 $x^2 + y^2 = a^2$ （a は正の定数）で表される立体がある．この立体を x 軸に垂直な平面で切ったときの断面は常に正方形であった．このとき，この立体の体積を求めよ． ◀教問 3.26

51　次の曲線または直線で囲まれた図形を x 軸のまわりに 1 回転してできる回転体の体積を求めよ．

教問 **3.27，3.28**

(1)　$y = 3x,\ x = 1,\ x = 2,\ x$ 軸

(2)　$y = \dfrac{1}{\sqrt{x}},\ x = 1,\ x = 3,\ x$ 軸

(3)　$y = e^{-x},\ x = -1,\ x = 1,\ x$ 軸

(4)　$y = \cos x\ \left(0 \leqq x \leqq \dfrac{\pi}{2}\right),\ x$ 軸, y 軸

(5)　$y = \sqrt{3 - x},\ x$ 軸, y 軸

(6)　$y = \sqrt{1 + x^2},\ x = -1,\ x = 2,\ x$ 軸

(7)　$y = \tan x,\ x = \dfrac{\pi}{4},\ x$ 軸

(8)　$y = \dfrac{1}{x + 2},\ x = 1,\ x$ 軸, y 軸

(9)　$\dfrac{x^2}{4} + \dfrac{y^2}{9} = 1$

(10)　$y = 4 - x^2,\ y = 3$

(11)　$y = x^2 - x,\ x$ 軸

(12)　$x^2 + y^2 + 2x = 0$

52　次の曲線または直線で囲まれた図形を y 軸のまわりに 1 回転してできる回転体の体積を求めよ．

教問 **3.29**

(1)　$y = x^2\ (x \geqq 0),\ y = 1,\ y = 2,\ y$ 軸

(2)　$x^2 + y^2 - 4y = 0$

(3)　$y = x^2,\ y = 2 - x$

(4)　$xy = 3,\ x + y = 4$

(5)　$y = \sin^{-1} x,\ y = \dfrac{\pi}{2},\ y$ 軸

53　次の曲線の長さを求めよ．

教問 **3.30**

(1)　$y = \dfrac{2}{3}x^{\frac{3}{2}}\quad (3 \leqq x \leqq 8)$

(2)　$y = x^3 + \dfrac{1}{12x}\quad (1 \leqq x \leqq 2)$

(3)　$y = \dfrac{x^2}{2}\quad (0 \leqq x \leqq 1)$

(4)　$y = \dfrac{x^4}{8} + \dfrac{1}{4x^2}\quad (\sqrt{2} \leqq x \leqq 2)$

54　次の曲線を x 軸のまわりに 1 回転してできる回転面の面積を求めよ．

教問 **3.31**

(1)　$y = 3x\quad (2 \leqq x \leqq 5)$

(2)　$y = \sqrt{x + 1}\quad (-1 \leqq x \leqq 0)$

B

例題 3.5　曲線 $y = \log x$ $\cdots$①がある．次の問いに答えよ．

(1)　曲線①の接線で原点を通るものを l とする．l の方程式を求めよ．

(2)　曲線①と (1) の接線 l と x 軸で囲まれた図形を D とする．D を x 軸のまわりに 1 回転してできる回転体の体積 V_x を求めよ．

(3)　図形 D を y 軸のまわりに 1 回転してできる回転体の体積 V_y を求めよ．

解　(1)　$y' = \dfrac{1}{x}$．よって接点を $(t, \log t)$ とすると接線の方程式は

$$y - \log t = \frac{1}{t}(x - t)$$

これが原点を通るから，$\log t = 1$．よって $t = e$．求める接線の方程式は

$$y = \frac{1}{e}x$$

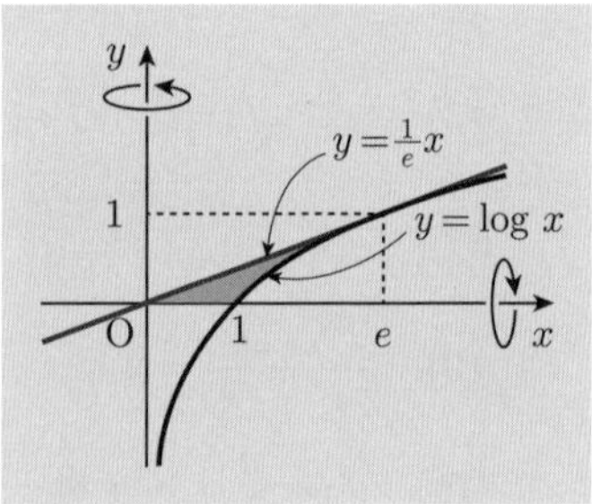

(2)

$$\begin{aligned} V_x &= \frac{1}{3}\pi 1^2 \cdot e - \pi \int_1^e (\log x)^2\,dx \\ &= \frac{\pi}{3}e - \pi \left\{ \Big[x(\log x)^2 \Big]_1^e - \int_1^e x \cdot 2\log x \cdot \frac{1}{x}\,dx \right\} \\ &= \frac{\pi}{3}e - \pi e + 2\pi \Big[x\log x - x \Big]_1^e \\ &= \frac{\pi}{3}e - \pi e + 2\pi = \pi\left(2 - \frac{2}{3}e\right) \end{aligned}$$

(3)　$y = \log x \iff x = e^y$ であるから

$$\begin{aligned} V_y &= \pi \int_0^1 (e^y)^2\,dy - \frac{1}{3}\pi e^2 \cdot 1 = \pi \left[\frac{e^{2y}}{2} \right]_0^1 - \frac{\pi}{3}e^2 \\ &= \frac{\pi}{2}(e^2 - 1) - \frac{\pi}{3}e^2 = \frac{\pi}{6}(e^2 - 3) \end{aligned}$$

■

例題 3.6　曲線

$$y = \frac{1}{3}x\sqrt{x} - \sqrt{x}$$

の $1 \leqq x \leqq 4$ である部分の長さ L を求めよ．またこの曲線を x 軸のまわりに 1 回転してできる回転面の面積 S を求めよ．

解　$y = \frac{1}{3}x^{\frac{3}{2}} - x^{\frac{1}{2}}$ より $y' = \frac{1}{2}(x^{\frac{1}{2}} - x^{-\frac{1}{2}})$ となるから

$$\sqrt{1+(y')^2} = \sqrt{1 + \frac{1}{4}(x - 2 + x^{-1})}$$

$$= \sqrt{\frac{x + 2 + x^{-1}}{4}} = \frac{x^{\frac{1}{2}} + x^{-\frac{1}{2}}}{2}$$

よって

$$L = \int_1^4 \sqrt{1+(y')^2}\,dx = \int_1^4 \frac{x^{\frac{1}{2}} + x^{-\frac{1}{2}}}{2}\,dx$$

$$= \left[\frac{1}{3}x^{\frac{3}{2}} + x^{\frac{1}{2}}\right]_1^4 = \frac{10}{3}$$

さらに $y = \frac{1}{3}x^{\frac{1}{2}}(x-3)$ より，$1 \leqq x \leqq 3$ で $y \leqq 0$ であり，$3 \leqq x \leqq 4$ で $y \geqq 0$ であるから

$$S = 2\pi \int_1^4 |y|\sqrt{1+(y')^2}\,dx$$

$$= 2\pi \int_1^3 (-y)\sqrt{1+(y')^2}\,dx + 2\pi \int_3^4 y\sqrt{1+(y')^2}\,dx$$

$$= \frac{\pi}{3}\left\{-\int_1^3 (x^2 - 2x - 3)\,dx + \int_3^4 (x^2 - 2x - 3)\,dx\right\}$$

$$= \frac{\pi}{3}\left(-\left[\frac{x^3}{3} - x^2 - 3x\right]_1^3 + \left[\frac{x^3}{3} - x^2 - 3x\right]_3^4\right)$$

$$= \frac{23}{9}\pi$$

■

55 次の曲線または直線で囲まれた図形の面積を求めよ．

(1) $y = x^3 - 2x^2$, x 軸　　(2) $y = x^2 - 3x$, $y = -x^2 + 2$

(3) $y = \dfrac{4x}{x^2+3}$, $y = 1$　　(4) $y = \tan x \ \left(0 \leqq x < \dfrac{\pi}{2}\right)$, $y = \dfrac{4}{\pi}x$

56 次の曲線または直線で囲まれた図形の面積を求めよ．

(1) $y = \log x,\ x = e^2$, x 軸

(2) $y = \dfrac{1}{\cos^2 x} \quad \left(|x| < \dfrac{\pi}{2}\right)$, $y = 4$

(3) $y = \sin x$, $y = \sin 2x$ $(0 \leqq x \leqq \pi)$

(4) $x^2 + y^2 = 1 \quad (y \geqq 0)$, $y = x^2 - \dfrac{1}{4}$

(5) $y = \tan^{-1} x$, $y = \dfrac{\pi}{3}$, y 軸

(6) $x^2 + 4xy + 5y^2 = 3$

57 次の曲線と直線で囲まれた図形を x 軸のまわりに 1 回転してできる回転体の体積を求めよ．(5) の a は正の定数とする．

(1) $y = x^2 - 2x$, $y = x$

(2) $y = \sqrt{x+4}$, $y = x + 2$, x 軸

(3) $y = \sin x$ $(0 \leqq x \leqq \pi)$, $y = \dfrac{1}{2}$

(4) $x^2 + (y+3)^2 = 4$

(5) $\sqrt{x} + \sqrt{y} = \sqrt{a}$, x 軸, y 軸

(6) $y = e^{2x}$, $y = e^2$, y 軸

(7) $y = \sin x$, $y = \sin 2x \quad (0 \leqq x \leqq \pi)$

58 次の曲線または直線で囲まれた図形を y 軸のまわりに 1 回転してできる回転体の体積を求めよ．

(1) $y = \sqrt{2-x}$, x 軸, y 軸　　(2) $y = \dfrac{1}{x-1}$, $y = 1$, $y = 2$, y 軸

(3) $y = x^2 - 2$, $y = -x$　　(4) $x^2 + y^2 = 1$, $y = x^2 - \dfrac{1}{4}$

(5) $(x - \sqrt{3})^2 + y^2 = 4$　　(6) $y = e^x$, $x = 1$, x 軸, y 軸

59 次の曲線の長さを求めよ.

(1)　$y = \log(1 - x^2)$　$\left(-\dfrac{1}{3} \leqq x \leqq \dfrac{1}{3}\right)$

(2)　$y = \dfrac{3}{8}x^{\frac{4}{3}} - \dfrac{3}{4}x^{\frac{2}{3}}$　$(1 \leqq x \leqq 8)$

(3)　$y = 2\sqrt{x}$　$(3 \leqq x \leqq 4)$

(4)　$y = \log(\cos x)$　$\left(0 \leqq x \leqq \dfrac{\pi}{4}\right)$

60 次の曲線を x 軸のまわりに 1 回転してできる回転面の面積を求めよ．ただし a, b, r は $-r < a < b < r$ を満たす実数とする.

(1)　$y = \sqrt{r^2 - x^2}$　$(a \leqq x \leqq b)$

(2)　$y = \dfrac{e^x + e^{-x}}{2}$　$(0 \leqq x \leqq 1)$

(3)　$y = \dfrac{x^3}{3} + \dfrac{1}{4x}$　$(1 \leqq x \leqq \sqrt{3})$

(4)　$y = x^3$　$(0 \leqq x \leqq 1)$

(5)　$y = \sin x$　$\left(0 \leqq x \leqq \dfrac{\pi}{2}\right)$

(6)　$y = 3 + \sqrt{4 - x^2}$　$(|x| \leqq 1)$

61 (1)　定積分 $\displaystyle\int_\alpha^\beta (x - \alpha)(x - \beta)\,dx$ を求めよ.

以下，(1) を利用して次の直線や放物線で囲まれた図形の面積を求めよ.

(2)　$y = x^2,\ y = x + 1$

(3)　$y = x^2 - 3,\ y = -2x^2 + 2x$

62 曲線 $y = x^3 - 3x^2$ 上の点 $(-1, -4)$ における接線とこの曲線で囲まれた図形の面積を求めよ.

63 曲線 $y = \dfrac{6}{x}$ 上の点 $(3, 2)$ における接線とこの曲線および直線 $x = 1$ で囲まれる部分を D とする.

(1)　D の面積を求めよ.

(2)　D を x 軸のまわりに 1 回転してできる回転体の体積 V_x を求めよ.

(3)　D を y 軸のまわりに 1 回転してできる回転体の体積 V_y を求めよ.

64 曲線 $y^2 = x(1-x)^2$ で囲まれた図形の面積 S を求めよ．またこの部分を x 軸のまわりに1回転してできる回転体の体積 V を求めよ．

65 $y = \sin x$ $\left(0 \leqq x \leqq \dfrac{\pi}{2}\right)$ と直線 $x = \dfrac{\pi}{2}$ と x 軸で囲まれる部分の面積が直線 $x = a$ で2等分されるとき，a の値を求めよ．

66 底面の周が曲線 $4x^2 + 9y^2 = 36$ で表される立体がある．この立体を x 軸に垂直な平面で切ったときの断面は常に正方形であった．このときこの立体の体積を求めよ．

67 底面の周が放物線 $y = x^2$（$|x| \leqq 2$）と直線 $y = 4$（$|x| \leqq 2$）で構成される立体があり，この立体を y 軸に垂直な平面で切ったときの断面は常に正三角形であった．この立体の体積を求めよ．

68 区間 $0 \leqq x < \dfrac{\pi}{2}$ で2曲線 $y = \sqrt{2}\cos x$, $y = \tan x$ を考える．

(1)　この2曲線の交点の座標を求めよ．

(2)　この2曲線と y 軸とで囲まれた図形を x 軸のまわりに1回転してできる回転体の体積を求めよ．

69 a を正の定数とする．曲線 $y = x^{\frac{2}{3}}$ と直線 $y = a$，および y 軸で囲まれた図形を x 軸のまわりに1回転してできる回転体の体積を V_x とし，y 軸のまわりに1回転してできる回転体の体積を V_y とする．$V_x = V_y$ となるような a の値を求めよ．

70 曲線 $y = \sin x$ $\left(0 \leqq x \leqq \dfrac{\pi}{2}\right)$ と直線 $x = \dfrac{\pi}{2}$，および x 軸で囲まれた図形を y 軸のまわりに1回転してできる回転体の体積を求めよ．

71 a を正の定数とする．曲線 $\sqrt{x} + \sqrt{y} = \sqrt{a}$ の $\dfrac{a}{4} \leqq x \leqq a$ の部分の長さを求めよ．

72 a を正の定数とする．曲線 $x^{\frac{2}{3}} + y^{\frac{2}{3}} = a^{\frac{2}{3}}$（$x \geqq 0$, $y \geqq 0$）の $\dfrac{a}{8} \leqq x \leqq a$ の部分の長さ L を求めよ．またこの曲線 $\left(\dfrac{a}{8} \leqq x \leqq a \text{ の部分}\right)$ を x 軸のまわりに1回転してできる回転面の面積 S を求めよ．

C 発展問題

73 次の不定積分を求めよ． （お茶の水女子大学）

$$\int \frac{x^4}{x^3-1}\,dx$$

74 曲線 A：$y=xe^x$ について次の問いに答えよ． （筑波大学）

(1) A，x 軸（$y=0$），そして $x=a$（$a<0$）により囲まれる図形の面積 $S(a)$ を求めよ．

(2) $\displaystyle\lim_{a\to-\infty} S(a)$ の値を求めよ．

75 $x=\tan\theta$ とおいて，次の定積分の値を求めよ． （名古屋大学）

$$\int_0^1 \frac{\log(x+1)}{1+x^2}\,dx$$

解く前に $\cos\theta+\sin\theta=\sqrt{2}\cos\left(\frac{\pi}{4}-\theta\right)$ である．

76 次の定積分の値を求めよ． （(2)：島根大学，(4)：秋田大学）

(1) $\displaystyle\int_0^1 \frac{\tan^{-1}x}{1+x^2}\,dx$　　(2) $\displaystyle\int_0^1 x(\tan^{-1}x)^2\,dx$

(3) $\displaystyle\int_0^{\frac{1}{2}} \frac{x^2}{\sqrt{1-x^2}}\,dx$　　(4) $\displaystyle\int_0^1 x^2\sin^{-1}x\,dx$

77 $f(x)=x^2(1-x^2)$ とおく．次の問いに答えよ．

(1) $y=f(x)$ のグラフをかけ．

(2) $y^2=f(x)$ のグラフをかけ．

(3) $y^2=f(x)$ で囲まれた図形を D とする．D を x 軸のまわりに 1 回転してできる回転体の体積 V_x を求めよ．また D を y 軸のまわりに 1 回転してできる回転体の体積 V_y を求めよ．

78 a,b を正の定数とする．円 $x^2+(y-b)^2=a^2$ で囲まれた図形を x 軸のまわりに 1 回転してできる回転体の体積 V と表面積 S を求めよ． （筑波大学）

79 放物線 $y=2-x^2$ $(x \geqq 0)$ と2直線 $y=x$, $y=-x$ で囲まれた図形を D とする．次の問いに答えよ．

(1) D の面積 S を求めよ．

(2) D を x 軸のまわりに1回転してできる回転体の体積 V_x を求めよ．

(3) D を y 軸のまわりに1回転してできる回転体の体積 V_y を求めよ．

(4) D を直線 $y=-x$ のまわりに1回転してできる回転体の体積 V を求めよ．

80 曲線 $y=\dfrac{1}{x}$ $(0<x \leqq 1)$ と直線 $y=x$ $(0 \leqq x \leqq 1)$ と y 軸で囲まれる部分を y 軸のまわりに1回転してできる容器を考える．この容器に1秒あたり，単位体積の水が入っている．（長岡技術科学大学）

(1) t 秒後の水面の垂直の高さ $h(t)$ を求めよ．

(2) t 秒後の水面の上昇する速度 $\dfrac{dh}{dt}$ を求めよ．

81 球面 $x^2+y^2+z^2=1$ の $z \leqq 0$ の部分でできる容器について次の問いに答えよ．（長岡技術科学大学）

(1) 水深 h $(0<h \leqq 1)$ まで水を入れたとき，水の量を求めよ．

(2) 水をいっぱいに満たしてから静かに角度 θ $(0^\circ<\theta<90^\circ)$ 傾けるとき，こぼれる水の量を求めよ．

82 a, b を正の定数とする．頂点が $(0, b)$ で x 軸と $x=\pm a$ で交わる放物線の $y \geqq 0$ の部分を C とする．次の問いに答えよ．（東京大学）

(1) 曲線 C の長さ L を求めよ．

(2) 曲線 C と x 軸で囲まれた図形を y 軸のまわりに1回転してできる回転体の側面積 S を求めよ．

83 曲線 $2x^2-2xy+y^2=4$ で囲まれる図形の面積 S を求めよ．またこの図形を x 軸のまわりに1回転してできる回転体の体積 V を求めよ．

4 微分・積分の応用

4.1 微分の応用

ライプニッツの公式 関数 $f(x)$ と $g(x)$ が n 回微分可能であるとき

$$\{f(x)g(x)\}^{(n)} = \sum_{k=0}^{n} {}_n\mathrm{C}_k f^{(n-k)}(x)g^{(k)}(x)$$

ロルの定理 関数 $y = f(x)$ が，閉区間 $[a, b]$ で連続で，開区間 (a, b) で微分可能であるとする．このとき $f(a) = f(b)$ ならば

$f'(c) = 0$ $(a < c < b)$ を満たす値 c が存在する．

平均値の定理 関数 $y = f(x)$ が，閉区間 $[a, b]$ で連続で，開区間 (a, b) で微分可能であるとき

$\dfrac{f(b) - f(a)}{b - a} = f'(c)$ $(a < c < b)$ を満たす値 c が存在する．

コーシーの平均値の定理 関数 $f(x), g(x)$ が，閉区間 $[a, b]$ で連続で，開区間 (a, b) で微分可能であり，開区間 (a, b) で $g'(x) \neq 0$ ならば

$\dfrac{f(b) - f(a)}{g(b) - g(a)} = \dfrac{f'(c)}{g'(c)}$ $(a < c < b)$ を満たす値 c が存在する．

ロピタルの定理 関数 $f(x), g(x)$ は $x = a$ を含むある開区間において，$x = a$ 以外で微分可能かつ $g'(x) \neq 0$ とする．このとき $f(a) = g(a) = 0$ で $\displaystyle\lim_{x \to a} \frac{f'(x)}{g'(x)}$ が存在するならば $\displaystyle\lim_{x \to a} \frac{f(x)}{g(x)} = \lim_{x \to a} \frac{f'(x)}{g'(x)}$ が成り立つ．

関数の凹凸 関数 $f(x)$ が閉区間 $I = [a, b]$ で連続，開区間 (a, b) で 2 回微分可能なとき，$f''(x) > 0$ ならば曲線 $y = f(x)$ は I で下に凸であり，$f''(x) < 0$ ならば曲線 $y = f(x)$ は I で上に凸である．

媒介変数表示された関数の微分　$x = f(t)$, $y = g(t)$ について

$$\frac{dy}{dx} = \frac{\dfrac{dy}{dt}}{\dfrac{dx}{dt}} = \frac{g'(t)}{f'(t)}$$

1 次近似，2 次近似　$f(a) + f'(a)(x-a)$ を $f(x)$ の $x = a$ における **1 次近似式**という．また $f(a) + f'(a)(x-a) + \dfrac{f''(a)}{2}(x-a)^2$ を $f(x)$ の $x = a$ における **2 次近似式**という．

テイラーの定理　関数 $f(x)$ が $x = a$ の付近で n 回微分可能で，$n-1$ 次までの導関数が連続とする．このとき

$$f(x) = \sum_{k=0}^{n-1} \frac{f^{(k)}(a)}{k!}(x-a)^k + R_n$$

とすると，$R_n = \dfrac{f^{(n)}(c)}{n!}(x-a)^n$ を満たす c が a と x の間にある．この R_n を n 次の剰余項という．

テイラー展開・マクローリン展開　関数 $f(x)$ が何回でも微分可能で，$R_n \to 0$ $(n \to \infty)$ のとき，等式

$$f(x) = \sum_{n=0}^{\infty} \frac{f^{(n)}(a)}{n!}(x-a)^n \quad \left(f(x) = \sum_{n=0}^{\infty} \frac{f^{(n)}(0)}{n!} x^n \right)$$

が成り立つ．このとき右辺の級数を $f(x)$ の $x = a$ における**テイラー級数**（**マクローリン級数**）という．

代表的な関数のマクローリン展開

$$e^x = 1 + x + \frac{1}{2!}x^2 + \frac{1}{3!}x^3 + \cdots = \sum_{n=0}^{\infty} \frac{1}{n!}x^n$$

$$\sin x = x - \frac{1}{3!}x^3 + \frac{1}{5!}x^5 - \frac{1}{7!}x^7 + \cdots = \sum_{n=0}^{\infty} \frac{(-1)^n}{(2n+1)!}x^{2n+1}$$

$$\cos x = 1 - \frac{1}{2!}x^2 + \frac{1}{4!}x^4 - \frac{1}{6!}x^6 + \cdots = \sum_{n=0}^{\infty} \frac{(-1)^n}{(2n)!}x^{2n}$$

$$\frac{1}{1-x} = 1 + x + x^2 + x^3 + \cdots = \sum_{n=0}^{\infty} x^n \quad (-1 < x < 1)$$

$$\frac{1}{1+x} = 1 - x + x^2 - x^3 + \cdots = \sum_{n=0}^{\infty} (-1)^n x^n \quad (-1 < x < 1)$$

$$\log(1+x) = x - \frac{1}{2}x^2 + \frac{1}{3}x^3 - \frac{1}{4}x^4 + \cdots = \sum_{n=1}^{\infty} \frac{(-1)^{n-1}}{n} x^n \quad (-1 < x < 1)$$

A

1 次の関数の第 2 次導関数を求めよ． ◀教問 4.1

(1) $y=x^5-3x^2+1$ (2) $y=(x^2+x+1)^2$ (3) $y=\log x$

(4) $y=\sin 2x$ (5) $y=\cos x^2$ (6) $y=\tan^2 x$

(7) $y=\dfrac{x+2}{x+1}$ (8) $y=\cos^{-1} x$ (9) $y=\sin^{-1}\dfrac{x}{2}$

(10) $y=\tan^{-1} x$ (11) $y=e^{-x}\sin x$ (12) $y=x\sqrt{x^2-1}$

2 次の関数の第 n 次導関数を求めよ． ◀教問 4.2

(1) $y = x^5 - 3x^2 + 1$ (2) $y = \sin 2x$ (3) $y = \cos(-x)$

(4) $y = \log x$ (5) $y = \dfrac{1}{e^{2x}}$ (6) $y = 2^x$

3 次の関数の第 n 次導関数を求めよ． ◀教問 4.3

(1) $y = xe^{2x}$ (2) $y = (x+1)e^{-2x}$ (3) $y = x\log x$

4 数直線上の動点 P の時刻 t における位置が $x(t)$ で表されるとき，以下の各問いに答えよ． ◀教問 4.4

(1) $x(t) = k\sin(\omega t + \theta)$（$k, \omega, \theta$ は定数）で表されるとき，点 P の加速度は点 P の位置 $x(t)$ に比例することを証明せよ．

(2) $x''(t) = -\sin t$ と与えられるとき，$x'(0) = 1$ となるように t 秒後の点 P の速度を求めよ．

(3) $x''(t) = -\sin t$ と与えられるとき，$x'(0) = 1$, $x(0) = -1$ となるように t 秒後の点 P の位置を求めよ．

5　関数 $f(x)$ について，与えられた閉区間 $[a, b]$ で平均値の定理

$$\frac{f(b)-f(a)}{b-a} = f'(c) \quad (a < c < b)$$

が成り立つような実数 c の値を求めよ．　教問 4.5

(1)　$f(x) = 2x^2$,　$[0, 2]$　　(2)　$f(x) = x^3$,　$[-1, 1]$

(3)　$f(x) = \dfrac{1}{x}$,　$[1, 4]$　　(4)　$f(x) = \sqrt{x}$,　$[1, 4]$

6　以下の問いに答えよ．　教問 4.6

(1)　$(f(x) + x^2)' = 0$, $f(1) = 2$ のとき，$f(x)$ を求めよ．

(2)　$f'(x) = \cos x$, $f\left(\dfrac{\pi}{2}\right) = -1$ のとき，$f(x)$ を求めよ．

7　次の等式を示せ．　教問 4.7

(1)　$\sin^{-1}(-x) = -\sin^{-1}x$　　(2)　$\cos^{-1}(-x) = \pi - \cos^{-1}x$

8　次の極限値を求めよ．　教問 4.8, 4.9

(1)　$\displaystyle\lim_{x\to 1}\frac{x^3 - x + 2}{x^2 + x}$　　(2)　$\displaystyle\lim_{x\to 2}\frac{-3x^2 + 9x - 6}{x^2 + x - 6}$

(3)　$\displaystyle\lim_{x\to\infty}\frac{-3x^3 + x}{x^3 + 2x^2 + 3}$　　(4)　$\displaystyle\lim_{x\to 0}\frac{\log(1 + x^2)}{x^2}$

(5)　$\displaystyle\lim_{x\to -\infty} x^3 e^x$　　(6)　$\displaystyle\lim_{x\to +0} x^2 \log x$

(7)　$\displaystyle\lim_{x\to 0}\frac{\sin 3x}{\sin 2x}$　　(8)　$\displaystyle\lim_{x\to\infty}\frac{(\log x)^3}{x^2}$

(9)　$\displaystyle\lim_{x\to 0}\frac{\log(\cos x)}{x^2}$　　(10)　$\displaystyle\lim_{x\to\infty}\frac{\log x}{\sqrt{x}}$

(11)　$\displaystyle\lim_{x\to 0}\frac{\sin^{-1}x - x}{x^3}$　　(12)　$\displaystyle\lim_{x\to 0}\frac{2^x - 3^x}{x}$

9　次の関数のグラフの増減，極値，グラフの凹凸と変曲点を調べ，そのグラフをかけ．　教問 4.10

(1)　$y = -x^3 + 6x^2 - 9x + 2$　　(2)　$y = x^4 - 2x^2 + 3$

(3)　$y = \log(x^2 + 1)$　　(4)　$y = (\log x)^2$

(5)　$y = \dfrac{x}{1 + x^2}$　　(6)　$y = xe^x$

(7)　$y = x^2 e^{-x}$　　(8)　$y = x - 2\sin x$　$(0 \leqq x \leqq 2\pi)$

10 次の媒介変数表示が表す曲線の概形をかけ. ◀教問 4.11

(1) $x = 2t - 1,\ y = 3t + 1$　(2) $x = 2t,\ y = t^2$

(3) $x = t^2 - 1,\ y = t + 1$　(4) $x = \sqrt{t},\ y = t - 1$

(5) $x = 2\cos t + 2,\ y = 2\sin t - 2$　(6) $x = 2\cos t,\ y = 3\sin t$

11 次の媒介変数表示で表される曲線について, $\dfrac{dy}{dx}$ を t の式で表せ. ◀教問 4.12

(1) $x = 2t,\ y = 2$

(2) $x = -2t - 1,\ y = t^2 + 4t + 1$

(3) $x = 2t^2 + t + 1,\ y = t^2 + 2t + 1$

(4) $x = t + \dfrac{1}{t},\ y = t^2 + \dfrac{1}{t^2}$

(5) $x = \dfrac{1 - t^2}{1 + t^2},\ y = \dfrac{2t}{1 + t^2}$

(6) $x = \sqrt{t^2 + 3t},\ y = \log(t + 1)$

(7) $x = 3(t - \sin t),\ y = 3(1 - \cos t)$

(8) $x = \cos^3 2\pi t, y = \sin^3 2\pi t$

12 次の媒介変数表示で表される曲線について, ( ) 内の t の値に対応する曲線上の点における接線の方程式を求めよ. ◀教問 4.13

(1) $x = -2t - 1,\ y = t^2 + 4t + 1$　$(t = -1)$

(2) $x = t - t^3,\ y = 1 - t^4$　$(t = 1)$

(3) $x = \cos t,\ y = \sin t + 1$　$\left(t = \dfrac{\pi}{4}\right)$

(4) $x = \cos^2 t,\ y = \sin^2 t$　$\left(t = \dfrac{5}{3}\pi\right)$

(5) $x = t - \sin t,\ y = 1 - \cos t$　$(t = \pi)$

(6) $x = \dfrac{2}{\cos t},\ y = 3\tan t$　$\left(t = \dfrac{\pi}{6}\right)$

13 次の関数 $f(x)$ について（ ）内の x の値における 1 次近似式と 2 次近似式を求めよ． ◀教問 4.14, 4.15

(1) $f(x)=\sqrt[3]{x}$ $(x=1)$

(2) $f(x)=\tan x$ $\left(x=\dfrac{\pi}{3}\right)$

(3) $f(x)=e^{x^2+x+1}$ $(x=-1)$

(4) $f(x)=\log x$ $\left(x=\dfrac{1}{2}\right)$

(5) $f(x)=\dfrac{1}{\sqrt{1+x}}$ $(x=0)$

(6) $f(x)=\sqrt{1-x+2x^2}$ $(x=0)$

14 以下の問いに答えよ．ただし，答えは小数第 5 位を四捨五入して小数第 4 位まで求めよ． ◀教問 4.16, 4.17

(1) $f(x)=\log(1+x)$ の $x=0$ における 1 次近似式，および 2 次近似式を用いて，$\log 1.2$ の近似値を求めよ．

(2) $f(x)=\sqrt{100+x}$ の $x=0$ における 1 次近似式，および 2 次近似式を用いて，$\sqrt{98}$ の近似値を求めよ．

(3) $f(x)=\cos\left(x+\dfrac{\pi}{6}\right)$ の $x=0$ における 1 次近似式，および 2 次近似式を用いて，$\cos 29^\circ$ の近似値を求めよ．

(4) $f(x)=\sqrt[3]{8+x}$ の $x=0$ における 1 次近似式，および 2 次近似式を用いて，$\sqrt[3]{8.2}$ の近似値を求めよ．

15 半径 x の球の体積を $V(x)$ とするとき，$V(x)$ の $x=3$ における 1 次近似式を用いて，半径 3.1 cm の球の体積がおよそ何 cm^3 かを求めよ．ただし $\pi=3.14$ とする． ◀教問 4.16, 4.17

解く前に $V(x)=\dfrac{4}{3}\pi x^3$ の $x=3$ における 1 次近似式を用いる．

16 次の関数について（ ）内の x の値において $n=4$ のときのテイラーの定理を適用せよ．ただし剰余項は R_4 とかくだけでよい． ◀教問 4.18, 4.19

(1) $\sin 2x\cos 2x$ $(x=0)$ (2) $\dfrac{x^2}{1-x}$ $(x=0)$

(3) $(x+2)e^x$ $(x=0)$ (4) e^{x^2+1} $(x=1)$

17 次のべき級数が収束するように x の範囲を定め，和を求めよ． ◀教問 4.20

(1) $3+\frac{3}{2}x+\frac{3}{4}x^2+\frac{3}{8}x^3+\cdots$

(2) $1-2x+4x^2-8x^3+\cdots$

(3) $1+x^2+x^4+x^6+\cdots$

18 次の関数のマクローリン展開を求めよ． ◀教問 4.21, 4.22

(1) 2^x

(2) $x\sin x$

(3) $\frac{1}{1+2x}\quad\left(-\frac{1}{2}<x<\frac{1}{2}\right)$

(4) $\log(1+x^2)$

(5) $\frac{e^{2x}-e^{-2x}}{2}$

(6) $\cos^2 x$

19 次の関数の（ ）内に与えられた x の値におけるテイラー展開を求めよ．

◀教問 4.23

(1) $\log x\quad(x=e)$

(2) $\frac{2}{3+2x}\quad\left(x=-\frac{1}{2}\right)$

(3) $\sin x\quad\left(x=\frac{\pi}{2}\right)$

(4) $x^3-4x+5\quad(x=1)$

20 以下の値を求めよ． ◀教問 4.24

(1) $2e^{\frac{\pi}{3}i}$

(2) $e^{-\frac{3}{2}\pi i}$

(3) $e^{\frac{\pi}{4}i}+e^{-\frac{\pi}{4}i}$

(4) $e^{\frac{5}{6}\pi i}-e^{-\frac{5}{6}\pi i}$

21 以下の値を求めよ． ◀教問 4.25

(1) $\left(\cos\frac{\pi}{6}+i\sin\frac{\pi}{6}\right)^{10}$

(2) $\left(\cos\frac{\pi}{4}+i\sin\frac{\pi}{4}\right)^{7}$

(3) $\left(e^{\frac{\pi}{3}i}\right)^{8}$

(4) $\left(e^{\frac{\pi}{2}i}\right)^{7}$

B

例題 4.1　関数 $y = \dfrac{x^2}{x+1}$ の増減，極値，グラフの凹凸と変曲点を調べ，グラフの概形をかけ.

解　$y = \dfrac{x^2}{x+1} = x - 1 + \dfrac{1}{x+1}$ であり，関数の定義域は $x \neq -1$．ここで，

$$y' = \frac{2x \cdot (x+1) - x^2 \cdot 1}{(x+1)^2} = \frac{x^2 + 2x}{(x+1)^2}$$

$$y'' = \frac{(2x+2) \cdot (x+1)^2 - (x^2+2x) \cdot 2(x+1)}{(x+1)^4} = \frac{2}{(x+1)^3}$$

より，$y' = 0$ を解くと $x = 0, -2$．$y'' = 0$ の解はない．これより，増減表は次のようになる.

x	$\cdots$	-2	$\cdots$	-1	$\cdots$	0	$\cdots$
y'	$+$	0	$-$		$-$	0	$+$
y''	$-$	$-$	$-$		$+$	$+$	$+$
y	↗	-4	↘		↘	0	↗

$$\lim_{x \to -1-0} \frac{x^2}{x+1} = -\infty, \qquad \lim_{x \to -1+0} \frac{x^2}{x+1} = \infty$$

より直線 $x = -1$ は漸近線．さらに，

$$\lim_{x \to \pm\infty} \left\{ \frac{x^2}{x+1} - (x-1) \right\}$$

$$= \lim_{x \to \pm\infty} \frac{1}{x+1} = 0$$

より，直線 $y = x - 1$ も漸近線となり，グラフは右図のようになる.　■

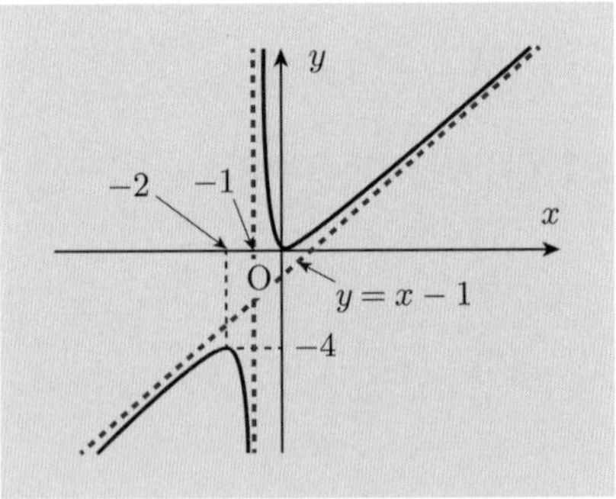

例題 4.2　関数 $y = \dfrac{5x-8}{x^2-2x-8}$ の第 n 次導関数を求めよ．

解　$\dfrac{5x-8}{x^2-2x-8}$ を部分分数分解すると

$$\frac{5x-8}{x^2-2x-8} = \frac{5x-8}{(x-4)(x+2)} = \frac{2}{x-4} + \frac{3}{x+2}$$

ここで，$\left(\dfrac{2}{x-4}\right)^{(n)} = \dfrac{(-1)^n 2\cdot n!}{(x-4)^{n+1}}$，$\left(\dfrac{3}{x+2}\right)^{(n)} = \dfrac{(-1)^n 3\cdot n!}{(x+2)^{n+1}}$ より

$$y^{(n)} = (-1)^n n!\left\{\frac{2}{(x-4)^{n+1}} + \frac{3}{(x+2)^{n+1}}\right\}$$

■

例題 4.3　$x = t - \sin t,\ y = 1 - \cos t$ と媒介変数表示された曲線において $\dfrac{d^2y}{dx^2}$ を t の式で表せ．

解　$\dfrac{dx}{dt} = 1 - \cos t$，$\dfrac{dy}{dt} = \sin t$ より

$$\frac{dy}{dx} = \frac{\frac{dy}{dt}}{\frac{dx}{dt}} = \frac{\sin t}{1-\cos t}$$

$$\frac{d^2y}{dx^2} = \frac{d}{dx}\left(\frac{dy}{dx}\right) = \frac{d\left(\frac{dy}{dx}\right)}{dx} = \frac{\frac{d\left(\frac{dy}{dx}\right)}{dt}}{\frac{dx}{dt}}$$

$$= \frac{\frac{d}{dt}\left(\frac{\sin t}{1-\cos t}\right)}{1-\cos t} = \frac{\frac{\cos t(1-\cos t) - \sin t\cdot\sin t}{(1-\cos t)^2}}{1-\cos t}$$

$$= \frac{\cos t - (\sin^2 t + \cos^2 t)}{(1-\cos t)^3} = \frac{\cos t - 1}{(1-\cos t)^3}$$

$$= -\frac{1}{(1-\cos t)^2}$$

■

例題 4.4 級数

$$\sum_{n=1}^{\infty} x^{n-1}(1-2x)^{n-1}$$

が収束するように x の範囲を定め，和を求めよ．

解 初項が 1，公比が $x(1-2x)$ の等比級数であるため，$|x(1-2x)|<1$ のときに限り収束する．これより，連立不等式 $-1<x(1-2x)<1$ を解けばよい．すなわち，

$$2x^2-x-1<0 \quad \cdots ①$$

$$2x^2-x+1>0 \quad \cdots ②$$

を解けばよい．①を解くと $(x-1)(2x+1)<0$ より，$-\dfrac{1}{2}<x<1$

②を解くとすべての実数となるので収束する x の範囲は $-\dfrac{1}{2}<x<1$

和は

$$\sum_{n=1}^{\infty} x^{n-1}(1-2x)^{n-1} = \frac{1}{1-x(1-2x)} = \frac{1}{2x^2-x+1}$$ ■

22 次の関数の第 n 次導関数を求めよ．

(1) $y=\dfrac{3}{x^2-x-2}$　　(2) $y=\dfrac{3x+1}{x^2-x-6}$

23 次の媒介変数表示で表される曲線の概形をかけ．

(1) $x=\dfrac{3}{\cos t},\ y=2\tan t$　　(2) $x=t^2,\ y=t^3$

24 次の媒介変数表示された曲線について，$\dfrac{dy}{dx},\ \dfrac{d^2y}{dx^2}$ を求めよ．

(1) $x=\cos t+t\sin t,\ y=\sin t-t\cos t$

(2) $x=\cos^3 t,\ y=\sin^3 t$

(3) $x=\dfrac{t^2-1}{t^2+1},\ y=\dfrac{2t}{t^2+1}$

(4) $x=2\cos t+\cos 2t,\ y=2\sin t-\sin 2t$

25 関数 $y = e^{-x}(2\cos x + 3\sin x)$ が $y'' + ay' + by = 0$ を満たすように定数 a, b を定めよ．

26 関数 $y(x) = e^{x}(ax^2 + b)$ に対して，以下の問いに答えよ．ただし，a, b は 0 でない実数，n は自然数とする．

(1)　$f(x)$ の第 n 次導関数 $f^{(n)}(x)$ を求めよ．

(2)　$f^{(n)}(x) = 0$ が実数解をもつ必要十分条件を求めよ．

27 平均値の定理を用いて，次の不等式を証明せよ．

(1)　$0 < a < b < \dfrac{\pi}{2}$ のとき $\sin b - \sin a < b - a$

(2)　$a > 0$ のとき $\dfrac{1}{a+1} < \log(a+1) - \log a < \dfrac{1}{a}$

28 関数 $f(x) = |x|$ について，次の問いに答えよ．

(1)　$x = 0$ で連続であることを示せ．

(2)　$x = 0$ で微分可能でないことを示せ．

(3)　閉区間 $[-1, 1]$ でロルの定理が成り立たないことを示せ．

29 次の関数の増減，極値，グラフの凹凸と変曲点を調べ，グラフの概形をかけ．

(1)　$y = x + \dfrac{1}{x-1}$　　(2)　$y = x^2 - \dfrac{1}{x}$

30 関数 $y = (\log x)^2$ について，以下の等式が成り立つことを証明せよ．

$$x^{n+1}y^{(n+1)} + nx^n y^{(n)} + 2(-1)^n(n-1)! = 0 \quad (n = 1, 2, \ldots)$$

31 関数 $y = y(x)$ が $(x^2+1)y'' = -xy'$, $y(0) = 0$, $y'(0) = 1$ を満たすとき，$y^{(n)}(0)$（$n \geqq 2$）を求めよ．

32 次の極限値を求めよ．

(1)　$\displaystyle\lim_{x \to +0} x^{2x}$　　(2)　$\displaystyle\lim_{x \to +0} x^{\sin^2 x}$　　(3)　$\displaystyle\lim_{x \to +0} \left(\frac{2}{\pi}\cos^{-1} x\right)^{\frac{1}{x}}$

解く前に　$y = f(x)$ に対して，両辺自然対数をとり $\log y = \log f(x)$ を考える．このとき，$\displaystyle\lim_{x \to +0} \log y$ を求め，$\displaystyle\lim_{x \to +0} y = \lim_{x \to +0} e^{\log y}$ であることを用いる．

33 以下の級数が収束するように x の範囲を定め，和を求めよ．

(1)　$\displaystyle\sum_{n=1}^{\infty} x^{n-1}(1-x)^{n-1}$　　(2)　$\displaystyle\sum_{n=1}^{\infty} \frac{1}{(2+x)^{n-1}}$

34 e^x, $\sin x$, $\cos x$, $\dfrac{1}{1-x}$ のマクローリン展開を用いて，以下の関数のマクローリン展開を（　）内の項まで求めよ．

(1) $(x+2)\sin x$ （x^5 の項） (2) $(x+2)\cos x$ （x^5 の項）

(3) $e^{\sin x}$ （x^4 の項） (4) $\dfrac{1}{1-\sin x}$ （x^4 の項）

35 以下の問いに答えよ．

(1) $\dfrac{1}{\cos x}$ のマクローリン展開を x^4 の項まで求めよ．

(2) (1) の結果を用いて，$\tan x$ のマクローリン展開を x^5 の項まで求めよ．

(3) (2) の結果を用いて，$\displaystyle\lim_{x\to 0}\frac{x-\tan x}{x^3}$ の極限値を求めよ．

解く前に $\dfrac{1}{\cos x}\cdot\cos x=1$, $\dfrac{1}{\cos x}=a_0+a_1x+a_2x^2+a_3x^3+a_4x^4+\cdots$ と $\cos x=1-\dfrac{1}{2}x^2+\dfrac{1}{24}x^4+\cdots$ であることから a_n（$n=0,1,2,3,4$）を定めればよい．

36 次の関数 $f(x)$ について以下の問いに答えよ． （九州大学（改変））

$$f(x)=\begin{cases} x^x & (x>0) \\ 1 & (x=0) \end{cases}$$

(1) $x>0$ のとき，$f'(x)$, $f''(x)$ を求めよ．

(2) $\displaystyle\lim_{x\to+0}x^x=1$ を示せ．

(3) $y=f(x)$ のグラフの増減，極値，グラフの凹凸，変曲点を調べ，グラフの概形をかけ．

37 関数 $f(x)=e^{-(\log x)^2}$ について以下の問いに答えよ． （九州大学（改変））

(1) $f'(x)$, $f''(x)$ を求めよ．

(2) $\displaystyle\lim_{x\to+0}f(x)$, $\displaystyle\lim_{x\to\infty}f(x)$ を求めよ．

(3) $y=f(x)$ のグラフの増減，極値，グラフの凹凸，変曲点を調べ，グラフの概形をかけ．

4.2 積分の応用

媒介変数表示の曲線が描く図形の面積　曲線 $C: x = f(t),\ y = g(t)$ と2直線 $x = a\ (= f(\alpha)),\ x = b\ (= f(\beta))\ (\alpha \leqq t \leqq \beta)$ および x 軸で囲まれた図形の面積 S は

$$S = \int_\alpha^\beta |g(t)f'(t)|\ dt$$

ただし開区間 (α, β) で $f(t)$ は単調，すなわち $f'(t)$ は定符号とする．

媒介変数表示の曲線の長さ　曲線 $C: x = f(t),\ y = g(t)\ (\alpha \leqq t \leqq \beta)$ の長さ ℓ は

$$\ell = \int_\alpha^\beta \sqrt{\{f'(t)\}^2 + \{g'(t)\}^2}\ dt = \int_\alpha^\beta \sqrt{\left(\frac{dx}{dt}\right)^2 + \left(\frac{dy}{dt}\right)^2}\ dt$$

媒介変数表示の曲線の回転体の体積と回転面の面積　曲線 $C: x = f(t),\ y = g(t)\ (\alpha \leqq t \leqq \beta)$ を x 軸のまわりに1回転してできる回転体の体積 V と回転面の面積 S は

$$V = \pi \int_\alpha^\beta y^2 \left|\frac{dx}{dt}\right|\ dt$$

$$S = 2\pi \int_\alpha^\beta |y|\sqrt{\{f'(t)\}^2 + \{g'(t)\}^2}\ dt$$

ただし開区間 (α, β) で $f(t)$ は単調，すなわち $f'(t)$ は定符号とする．

直交座標と極座標の関係　直交座標 (x, y) から極座標 (r, θ) への変換は次のように定まる．

$$r = \sqrt{x^2 + y^2}, \quad \cos\theta = \frac{x}{\sqrt{x^2 + y^2}}, \quad \sin\theta = \frac{y}{\sqrt{x^2 + y^2}} \text{ を満たす角 } \theta$$

逆に，(r, θ) から (x, y) への変換は $x = r\cos\theta,\ y = r\sin\theta$ と表される．

極方程式が描く図形の面積　極方程式 $r = f(\theta)\ (\alpha \leqq \theta \leqq \beta)$ で表された曲線と2つの半直線 $\theta = \alpha,\ \theta = \beta$ で囲まれた図形の面積 S は

$$S = \frac{1}{2}\int_\alpha^\beta r^2\ d\theta = \frac{1}{2}\int_\alpha^\beta \{f(\theta)\}^2\ d\theta$$

極方程式が描く曲線の長さ 極方程式 $r = f(\theta)$ $(\alpha \leqq \theta \leqq \beta)$ で表された曲線の長さ ℓ は

$$\ell = \int_{\alpha}^{\beta} \sqrt{r^2 + (r')^2}\, d\theta = \int_{\alpha}^{\beta} \sqrt{\{f(\theta)\}^2 + \{f'(\theta)\}^2}\, d\theta$$

広義積分

(1) $f(x)$ が $(a, b]$ で連続で $x = a$ で定義されないとき

$$\int_a^b f(x)\, dx = \lim_{\varepsilon \to +0} \int_{a+\varepsilon}^{b} f(x)\, dx$$

(1)′ $f(x)$ が $[a, b)$ で連続で $x = b$ で定義されないとき

$$\int_a^b f(x)\, dx = \lim_{\varepsilon \to +0} \int_{a}^{b-\varepsilon} f(x)\, dx$$

(2) $f(x)$ が $[a, \infty)$ で連続なとき

$$\int_a^{\infty} f(x)\, dx = \lim_{u \to \infty} \int_a^u f(x)\, dx$$

(2)′ $f(x)$ が $(-\infty, b]$ で連続なとき

$$\int_{-\infty}^{b} f(x)\, dx = \lim_{u \to \infty} \int_{-u}^{b} f(x)\, dx$$

(3) $f(x)$ が $(-\infty, \infty)$ で連続なとき

$$\int_{-\infty}^{\infty} f(x)\, dx = \lim_{u,\ v \to \infty} \int_{-u}^{v} f(x)\, dx$$

数直線上の点の位置 数直線上を運動している点 P の時刻 t における位置の座標を $x(t)$，その速度を $v(t)$，加速度を $\alpha(t)$ とおくとき

$$x(t) = x(a) + \int_a^t v(s)\, ds$$

$$v(t) = v(a) + \int_a^t \alpha(s)\, ds$$

特に，$t = a$ から $t = b$ までの点 P が動いた変位を s，道のりを ℓ とするとき

$$s = \int_a^b v(t)\, dt, \quad \ell = \int_a^b |v(t)|\, dt$$

区分求積法と数列の和の極限

$$\lim_{n \to \infty} \frac{1}{n} \sum_{k=1}^{n} f\left(\frac{k}{n}\right) = \lim_{n \to \infty} \frac{1}{n} \left\{ f\left(\frac{1}{n}\right) + \cdots + f\left(\frac{n}{n}\right) \right\}$$

$$= \int_0^1 f(x)\, dx$$

台形公式　$y = f(x)$ は閉区間 $[a, b]$ で連続であるとする．このとき閉区間 $[a, b]$ を n 等分して分点と分割幅を $a = x_0 < x_1 < \cdots < x_n = b$, $\Delta x = \dfrac{b-a}{n}$ とおくとき

$$\int_a^b f(x)\,dx \fallingdotseq \frac{1}{2}\left(f(x_0) + 2\sum_{k=1}^{n-1} f(x_k) + f(x_n)\right)\Delta x$$

積分の大小関係　$f(x) \geqq g(x)$ であるとき

$$\int_a^b f(x)\,dx \geqq \int_a^b g(x)\,dx$$

特に，等号成立は $f(x) = g(x)$ が閉区間 $[a, b]$ のすべての x について成り立つときに限る．

A

38　次の曲線と直線で囲まれた図形の面積を求めよ．　◀教問 4.26

(1)　曲線 $x = a\cos t,\ y = b\sin t$　$(a,\ b > 0,\ 0 \leqq t \leqq \pi)$, x 軸

(2)　曲線 $x = \sin t,\ y = \sin 2t$　$\left(0 \leqq t \leqq \dfrac{\pi}{2}\right)$, x 軸

(3)　曲線 $x = t^2,\ y = t$　$(0 \leqq t \leqq 2)$, 直線 $x = 4$ と x 軸

39　次の曲線の長さを求めよ．　◀教問 4.27

(1)　曲線 $x = e^t\cos t,\ y = e^t\sin t$　$\left(0 \leqq t \leqq \dfrac{\pi}{2}\right)$

(2)　曲線 $x = t^2,\ y = t$　$(0 \leqq t \leqq 1)$

(3)　曲線 $x = \dfrac{3}{2}t^2,\ y = t^3$　$(0 \leqq t \leqq 1)$

40　次の曲線を x 軸のまわりに 1 回転してできる回転体の体積 V と回転面の面積 S を求めよ．　◀教問 4.28

(1)　$x = t,\ y = t + 1$　$(1 \leqq t \leqq 2)$

(2)　$x = \cos^2 t,\ y = \sin t\cos t$　$\left(0 \leqq t \leqq \dfrac{\pi}{2}\right)$

(3)　$x = t^2,\ y = t$　$(0 \leqq t \leqq 1)$

41 次の直交座標を極座標に変換せよ． ◀教問 4.29

(1) $(-2, 0)$　(2) $(0, -3)$　(3) $(3, -3)$

(4) $(-2, 2\sqrt{3})$　(5) $(-\sqrt{3}, -3)$　(6) $(4\sqrt{3}, 4)$

42 次の極座標を直交座標に変換せよ． ◀教問 4.30

(1) $\left(2, -\frac{\pi}{2}\right)$　(2) $\left(2, -\frac{5}{6}\pi\right)$　(3) $\left(4, \frac{7}{4}\pi\right)$

(4) $\left(3, -\frac{3}{2}\pi\right)$　(5) $\left(2\sqrt{3}, \frac{2}{3}\pi\right)$　(6) $\left(4, \frac{\pi}{6}\right)$

43 次の極方程式で表されるグラフをかけ． ◀教問 4.31

(1) $r = e^{\frac{\theta}{4}}$　$(0 \leqq \theta \leqq 2\pi)$　(2) $r = 1 + \cos 2\theta$　$(0 \leqq \theta \leqq 2\pi)$

(3) $r = 1 + \sin 2\theta$　$(0 \leqq \theta \leqq 2\pi)$　(4) $r = |\cos 2\theta|$　$(0 \leqq \theta \leqq 2\pi)$

(5) $r = |\sin 2\theta|$　$(0 \leqq \theta \leqq 2\pi)$　(6) $r = |\cos \theta|$　$(0 \leqq \theta \leqq 2\pi)$

44 次の極方程式と半直線で囲まれた図形の面積を求めよ． ◀教問 4.32

(1) $r = e^{\frac{\theta}{4}}$ $(0 \leqq \theta \leqq 2\pi)$，半直線 $\theta = 0$

(2) $r = 1 + \cos 2\theta$ $(0 \leqq \theta \leqq 2\pi)$

(3) $r = 1 + \sin 2\theta$ $\left(\frac{\pi}{4} \leqq \theta \leqq \frac{3}{4}\pi\right)$，半直線 $\theta = \frac{\pi}{4}$, $\theta = \frac{3}{4}\pi$

45 次の極方程式が表す曲線の長さを求めよ．ただし $a > 0$ とする．

◀教問 4.33

(1) $r = e^{\theta}$ $(0 \leqq \theta \leqq 2\pi)$

(2) $r = 1 + \cos\theta$ $\left(\frac{\pi}{2} \leqq \theta \leqq \frac{3}{2}\pi\right)$

(3) $r = \cos\theta$ $\left(-\frac{\pi}{4} \leqq \theta \leqq \frac{\pi}{3}\right)$

46 次の広義積分の収束・発散を調べ，収束するときはその値を求めよ．

◀教問 4.34

(1) $\displaystyle\int_0^1 x^2 \log x \, dx$　(2) $\displaystyle\int_1^2 \frac{dx}{\sqrt{1-(x-1)^2}}$

(3) $\displaystyle\int_2^3 \frac{dx}{\sqrt{(x-1)^2-1}}$　(4) $\displaystyle\int_{-1}^1 \frac{dx}{1-x^2}$

47　次の広義積分の値を求めよ．　◀教問 4.35

(1) $\displaystyle\int_2^{\infty} \frac{dx}{(x-1)^2}$　　(2) $\displaystyle\int_1^{\infty} x^2 e^{-2x}\,dx$

(3) $\displaystyle\int_0^{\infty} \frac{dx}{x^2+4}$　　(4) $\displaystyle\int_0^{\infty} e^{-x}\sin x\,dx$

48　x 軸上を動く点 P の時刻 t における x 座標が $x(t) = t^2 - 2t$ で与えられるものとする．このとき次の問いに答えよ．　◀教問 4.36

(1) $\dfrac{dx}{dt} = 0$ となる t の値を求めよ．

(2) $t = 3$ における点 P の速度を求めよ．

(3) $t = 0$ から $t = 2$ までに点 P が実際に動いた道のりを求めよ．

49　次の極限値を求めよ．　◀教問 4.37

(1) $\displaystyle\lim_{n\to\infty}\sum_{k=1}^{n}\frac{e^{\frac{k}{n}}}{n}$　　(2) $\displaystyle\lim_{n\to\infty}\sum_{k=1}^{n}\frac{1}{n+k}$　　(3) $\displaystyle\lim_{n\to\infty}\sum_{k=1}^{n}\frac{\pi}{n}\sin\frac{k\pi}{n}$

50　$\displaystyle\int_{-1}^{1}(1-x)e^{-x}\,dx$ について次の問いに答えよ．ただし答えは小数第 4 位を四捨五入せよ．　◀教問 4.38

(1) 区間 $[-1, 1]$ を 10 等分し，台形公式を用いて定積分の近似値を求めよ．

(2) 区間 $[-1, 1]$ を 20 等分し，台形公式を用いて定積分の近似値を求めよ．

(3) 定積分の真の値を求め，また $e \fallingdotseq 2.7182$ としてその近似値も求めよ．

51　次の問いに答えよ．　◀教問 4.39

(1) $t \geqq 0$ であるとき，$1 - t \leqq e^{-t} \leqq 1$ を示せ．

(2) すべての実数 x に関して $1 - x^2 \leqq e^{-x^2} \leqq 1$ を示せ．

(3) 次の極限値を求めよ．$\displaystyle\lim_{n\to\infty}\int_0^1 x^2 e^{-\left(\frac{x}{n}\right)^2}\,dx$

52　次の問いに答えよ．　◀教問 4.40

(1) $1 + \dfrac{1}{\sqrt[3]{2}} + \dfrac{1}{\sqrt[3]{3}} + \cdots + \dfrac{1}{\sqrt[3]{n}} + \cdots$ は発散することを示せ．

(2) $1 + \dfrac{1}{2^3} + \dfrac{1}{3^3} + \cdots + \dfrac{1}{n^3} + \cdots$ は収束することを示せ．

B

例題 4.5　次の直交座標における円の方程式の極方程式および θ の範囲を求めよ.

$$(x-2)^2+y^2=4$$

解　$x=r\cos\theta,\ y=r\sin\theta$ を与式に代入して

$$(r\cos\theta-2)^2+r^2\sin^2\theta=4$$

$$\Longleftrightarrow r^2(\sin^2\theta+\cos^2\theta)-4r\cos\theta+4=4$$

$$\Longleftrightarrow r(r-4\cos\theta)=0$$

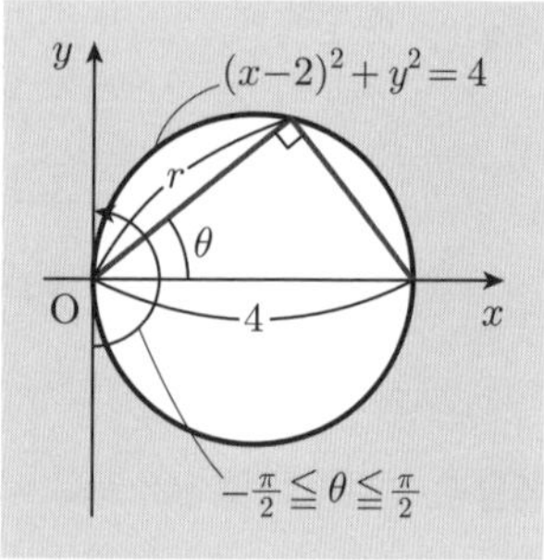

ゆえに, $r=0$ あるいは $r=4\cos\theta$ となる. ここで $r=0$ は原点を表し, $r=4\cos\theta\geqq 0$ となるのは $-\dfrac{\pi}{2}\leqq\theta\leqq\dfrac{\pi}{2}$ なので, 求める極方程式は

$$r=4\cos\theta\quad\left(-\frac{\pi}{2}\leqq\theta\leqq\frac{\pi}{2}\right)$$

■

例題 4.6　次の極方程式を直交座標による方程式に直せ.

$$r=\frac{3}{1+2\cos\theta}$$

解　両辺に $1+2\cos\theta$ を掛けて

$$r+2r\cos\theta=3$$

$r=\sqrt{x^2+y^2},\ x=r\cos\theta$ を代入して

$$\sqrt{x^2+y^2}+2x=3\quad\Longleftrightarrow\quad\sqrt{x^2+y^2}=3-2x\quad\left(x\leqq\frac{3}{2}\right)$$

これより

$$x^2+y^2=(3-2x)^2\quad\Longleftrightarrow\quad 3x^2-12x-y^2+9=0$$

となり, 標準形に変形すると次の双曲線の左片側部分となる.

$$(x-2)^2-\frac{y^2}{3}=1\quad\left(x\leqq\frac{3}{2}\right)$$

■

■補足　極方程式では $r<0$ の極座標の点も考えることがある．すなわち，$r>0$ のとき，$(-r,\theta)$ の点は $(r,\theta+\pi)$ の点と考える．この場合も考えると $r=\dfrac{3}{1+2\cos\theta}$ は双曲線 $(x-2)^2-\dfrac{y^2}{3}=1$ を表す．

53　次の直交座標における円の方程式の極方程式を求めよ．

(1)　$x^2+y^2=4$　　(2)　$x^2+(y-4)^2=16$

54　次の極方程式を直交座標による方程式に直せ．

(1)　$r=\dfrac{1}{1+\cos\theta}$　　(2)　$r=\dfrac{6}{2-\cos\theta}$

55　次の曲線と直線で囲まれた図形の面積を求めよ．

(1)　曲線 $x=t^3,\ y=\log(t^2+1)$ $(0\leqq t\leqq 1)$ と x 軸および直線 $x=1$ で囲まれた図形

(2)　曲線 $x=\tan t,\ y=\sin^3 t$ $\left(0\leqq t\leqq \dfrac{\pi}{3}\right)$ と x 軸および直線 $x=\sqrt{3}$ で囲まれた図形

56　次の曲線の長さを求めよ．

(1)　$x=\dfrac{2t}{1+t^2},\ y=\dfrac{1-t^2}{1+t^2}$　$(-1\leqq t\leqq 1)$

(2)　$x=4\cos t-\cos 4t,\ y=4\sin t-\sin 4t$　$(0\leqq t\leqq \pi)$

57　アステロイド $x=a\cos^3 t,\ y=a\sin^3 t$ $(0\leqq t\leqq 2\pi)$ に関して次の問いに答えよ．ただし $a>0$ である．

(1)　x 軸のまわりに 1 回転してできる回転体の体積を求めよ．

(2)　x 軸のまわりに 1 回転してできる回転面の面積を求めよ．

58　$r=1+\sqrt{2}\cos\theta$　$(0\leqq\theta\leqq 2\pi)$ で表される曲線について次の問いに答えよ．ただし $(-r,\theta)$　$(r>0)$ は $(r,\theta+\pi)$ の点を表すものとする．

(1)　$r=1+\sqrt{2}\cos\theta$　$(0\leqq\theta\leqq 2\pi)$ で表される曲線をかけ．

(2)　この曲線の 2 つのループで囲まれた部分の面積を求めよ．

59　次の極方程式が表す曲線の長さを求めよ．

$$r=\cos^4\frac{\theta}{4}\quad(0\leqq\theta\leqq 2\pi)$$

60 次の広義積分の値を求めよ.

(1) $\displaystyle\int_1^3 (x-1)^3 \log(x-1)\,dx$　　(2) $\displaystyle\int_3^4 \frac{2}{(x-2)\sqrt[3]{\log(x-2)}}\,dx$

(3) $\displaystyle\int_2^\infty \frac{dx}{x^2+5x-6}$　　(4) $\displaystyle\int_3^\infty \frac{3x-2}{x^3-3x^2+2x}\,dx$

61 ガンマ関数 $\varGamma(\alpha)$ は次で定義される α（$\alpha>0$）の関数である.

$$\varGamma(\alpha)=\int_0^\infty x^{\alpha-1}e^{-x}\,dx \quad (\alpha>0)$$

このとき次の問いに答えよ.

(1) $\displaystyle\int_0^\infty e^{-x^2}\,dx=\frac{\sqrt{\pi}}{2}$ を $x=\sqrt{t}$ と置換することで $\varGamma\left(\dfrac{1}{2}\right)$ を求めよ.

(2) $\varGamma(\alpha+1)=\alpha\varGamma(\alpha)$（$\alpha>0$）を示せ.

(3) 次の式の値を求めよ.

(i) $\varGamma(n)$（n は自然数）　　(ii) $\varGamma(2)\varGamma(5)$

(iii) $\varGamma\left(\dfrac{9}{2}\right)$　　(iv) $\dfrac{\varGamma(2.5)}{\varGamma(0.5)}$

62 $\alpha>1$ のとき，次の問いに答えよ.

(1) $0<p<1$ のとき，広義積分 $\displaystyle\int_1^\alpha \frac{dx}{x(\log x)^p}$ の値を求めよ.

(2) $p>1$ のとき，広義積分 $\displaystyle\int_\alpha^\infty \frac{dx}{x(\log x)^p}$ の値を求めよ.

63 数直線上で原点から出発し，t 秒後の速度が

$$v(t)=e^t\sin t$$

であるように運動する点がある．このとき，次の問いに答えよ.

(1) 出発してから t 秒後の点 P の位置 $x(t)$ を求めよ.

(2) 出発してから 2π 秒の間に点 P の動く範囲を求めよ.

(3) 出発してから 2π 秒の間に点 P の動いた道のりを求めよ.

64 原点を同時に出発して x 軸上を動く 2 つの点 P, Q がある．出発してから t 秒後の速度はそれぞれ $v_{\mathrm{P}}(t) = 2at$, $v_{\mathrm{Q}}(t) = 6t(1-t)$ である．ただし a は定数とする．このとき次の問いに答えよ．

(1)　出発してから 2 つの点 P, Q が再び出会うための必要十分条件を求めよ．

(2)　$a = -1$ のとき，点 P, Q が再び出会うのは何秒後か．またそれまでに点 Q が動いた道のりを求めよ．

65 曲線 $y = (4-x^2)e^x$ と x 軸とで囲まれた部分の面積を次の問いにしたがい求めよ．ただし小数第 4 位を四捨五入して小数第 3 位まで求めよ．

(1)　積分区間を 20 等分し，台形公式により求めよ．

(2)　面積の真の値を求め，また $e \fallingdotseq 2.7182$ としてその近似値も求めよ．

66 次の極限値を求めよ．

(1)　$\displaystyle\lim_{n\to\infty} n\left\{\frac{1}{n^2} + \frac{1}{(n+1)^2} + \cdots + \frac{1}{(2n-1)^2}\right\}$

(2)　$\displaystyle\lim_{n\to\infty} \sqrt[n]{3\left(3-\frac{2}{n}\right)\left(3-\frac{4}{n}\right)\cdots\left\{3-\frac{2(n-2)}{n}\right\}\left\{3-\frac{2(n-1)}{n}\right\}}$

67 次の問いに答えよ．

(1)　$x \geqq 1$ のとき，$e^{-x^2} \leqq xe^{-x^2}$ を示せ．

(2)　次の不等式を示せ．

$$\int_0^\infty e^{-x^2}\,dx < 1 + \frac{1}{2e}$$

68 $f(n) = \dfrac{1 + \dfrac{1}{2} + \cdots + \dfrac{1}{n}}{\log n}$ に対して，次の問いに答えよ．

(1)　次の不等式を示せ．

$$\log(n+1) < 1 + \frac{1}{2} + \cdots + \frac{1}{n} < \log n + 1$$

(2)　$\displaystyle\lim_{n\to\infty} f(n)$ を求めよ．

4.3 微分方程式入門

微分方程式 独立変数 x と従属変数 y とその導関数からなる方程式を**常微分方程式**といい，その微分方程式を満たす関数を**解**という．また，微分方程式に含まれる導関数の最高次数をその微分方程式の**階数**という．すなわち微分方程式

$$F(x, y', y'', \ldots, y^{(n)}) = 0$$

の階数は n である．特に，その微分方程式の階数個の任意定数を含むものを**一般解**といい，一般解の任意定数に特別な値を代入したものを**特殊解**という．

変数分離形微分方程式 変数分離形微分方程式

$$\frac{dy}{dx} = f(x)g(y)$$

の一般解は次のようにして求められる．

$$\int \frac{dy}{g(y)} = \int f(x)\, dx$$

1 階線形微分方程式の一般解 1 階線形微分方程式

$$\frac{dy}{dx} + P(x)y = Q(x)$$

は両辺に $e^{\int P(x)\, dx}$ を掛けると，次のように必ず変形できる．

$$\left(e^{\int P(x)\, dx} y\right)' = Q(x)e^{\int P(x)\, dx}$$

これより，1 階線形微分方程式の一般解は

$$y = e^{-\int P(x)\, dx} \left(\int Q(x)e^{\int P(x)\, dx}\, dx + C\right)$$

斉次 2 階線形微分方程式の一般解 定数係数斉次 2 階線形微分方程式

$$y'' + ay' + by = 0$$

の一般解は，特性方程式 $\lambda^2 + a\lambda + b = 0$ の解に対応して，次の形で与えられる．ただし，C_1, C_2 は任意定数である．

(1)　異なる 2 つの実数解 α, β をもつとき，$y = C_1e^{\alpha x} + C_2e^{\beta x}$

(2)　2 重解 α をもつとき，$y = C_1e^{\alpha x} + C_2xe^{\alpha x}$

(3)　虚数解 $p \pm qi$ をもつとき，$y = e^{px}(C_1 \cos qx + C_2 \sin qx)$

定数係数非斉次 2 階線形微分方程式の一般解　定数係数非斉次 2 階線形微分方程式

$$y'' + ay' + by = R(x) \quad \cdots (*)$$

の一般解は，$y'' + ay' + by = 0$ の一般解を y_0 とし，$(*)$ の一つの解を $\varphi(x)$ としたとき，以下で与えられる．

$$y = y_0 + \varphi(x)$$

また，$(*)$ の一つの解を見つけるには，斉次の一般解が $R(x)$ の形を含まないとき，$R(x)$ の形から一つの解を次の表の形で予想する．ただし，α, β, a, b は定数である．

$R(x)$	$\varphi(x)$
$ae^{\alpha x}$	$Ae^{\alpha x}$
$ae^{\alpha x} + b$	$Ae^{\alpha x} + B$
$a\cos\alpha x + b\sin\alpha x$	$A\cos\alpha x + B\sin\alpha x$
$e^{\alpha x}(a\sin\beta x + b\cos\beta x)$	$e^{\alpha x}(A\sin\beta x + B\cos\beta x)$
n 次式	n 次式（$b \neq 0$）
n 次式	$n+1$ 次式（$a \neq 0,\ b = 0$）

A

69　微分方程式 $\dfrac{d^2y}{dx^2} - 2\dfrac{dy}{dx} - 3y = 0 \cdots$① について，次の問いに答えよ．

◀教問 4.41

(1)　①の一般解は $y = C_1e^{-x} + C_2e^{3x}$（$C_1, C_2$ は任意定数）であることを示せ．

(2)　①の解で $x = 0$ のとき $y = 1,\ y' = 3$ を満たす特殊解を求めよ．

(3)　①の解で $x = 0$ のとき $y = 1$，$x = 1$ のとき $y = e^{-1}$ を満たす特殊解を求めよ．

70　次の微分方程式の一般解を求めよ．

◀教問 4.42

(1)　$\dfrac{dy}{dx} = 2x$　　(2)　$\dfrac{d^2y}{dx^2} = 0$　　(3)　$\dfrac{d^2y}{dx^2} = \sin x$

解く前に　$\dfrac{d^2y}{dx^2} = f(x) \quad \cdots$① を x で積分すると $\dfrac{dy}{dx} = \displaystyle\int f(x)\,dx + A$ となる．これをさらに x で積分すると①の一般解が次のように得られる．

$$y = \int \left(\int f(x)\,dx \right) dx + Ax + B \quad (A,\ B \text{ は任意定数})$$

71 次の微分方程式の（ ）内の条件を満たす特殊解を求めよ．　◀教問 4.42

(1) $\dfrac{dy}{dx} = 2xe^{x^2}$　($x = 0$ のとき $y = 2$)

(2) $\dfrac{d^2y}{dx^2} = 6x$　($x = 0$ のとき $y = 2$, $x = 1$ のとき $y' = 3$)

(3) $\dfrac{dy}{dx} = x\cos x$　($x = 0$ のとき $y = 1$)

72 次の微分方程式の一般解を求めよ．　◀教問 4.42

(1) $\dfrac{dy}{dx} = y$　(2) $\dfrac{dy}{dx} = e^y$

(3) $\dfrac{dy}{dx} = 2xy$　(4) $\dfrac{dy}{dx} = y^2 - y$

(5) $\dfrac{dy}{dx} = 3xy\sqrt{x^2 - 1}$　(6) $\dfrac{dy}{dx} = \dfrac{x}{y}$

73 次の微分方程式の（ ）内の条件を満たす特殊解を求めよ．　◀教問 4.42

(1) $\dfrac{dy}{dx} = 3y$　($x = 0$ のとき $y = 2$)

(2) $\dfrac{dy}{dx} = 2x(y - 1)$　($x = 0$ のとき $y = 3$)

(3) $\dfrac{dy}{dx} = \dfrac{y}{x - 2}$　($x = 0$ のとき $y = 2$)

(4) $\dfrac{dy}{dx} = y\tan x$　$\left(x = \dfrac{\pi}{4} \text{ のとき } y = \sqrt{2}\right)$

(5) $\dfrac{dy}{dx} = xy\sin x$　($x = 0$ のとき $y = 1$)

(6) $\dfrac{dy}{dx} = 2x(y - 1)^2$　($x = 0$ のとき $y = 0$)

74 次の 1 階線形微分方程式の一般解を求めよ．　◀教問 4.43

(1) $xy' + y = 3x^2$

(2) $y' + y = 3e^{2x}$

(3) $y' + \dfrac{y}{x} = \sin x$

(4) $xy' + y = 4x\log x$

75 次の1階線形微分方程式の（　）内の条件を満たす特殊解を求めよ．

教問 4.44

(1) $y' + y = 2e^x \quad (x = 0,\ y = 2)$

(2) $y' + \dfrac{y}{x} = 3x \quad (x = 1,\ y = 3)$

(3) $y' + 2y = 4x^2 \quad (x = 0,\ y = 0)$

(4) $y' + 2y\tan x = \sin x \quad (x = 0,\ y = 0)$

76 次の2階線形微分方程式の一般解を求めよ． 教問 4.45

(1) $y'' + 5y' + 4y = 0$　(2) $y'' - 4y' + 4y = 0$

(3) $y'' + 2y' + 10y = 0$　(4) $y'' + y' = 0$

(5) $y'' + 2y' + 3y = 0$　(6) $y'' + 9y = 0$

77 次の2階線形微分方程式の（　）内の条件を満たす解を求めよ． 教問 4.46

(1) $y'' - 7y' + 12y = 0$　($x = 0$ のとき $y = 0,\ y' = -1$)

(2) $y'' + 6y' + 9y = 0$　($x = 0$ のとき $y = 2,\ y' = -3$)

(3) $y'' + 2y' + 2y = 0$　($x = 0$ のとき $y = 2,\ y' = -1$)

(4) $y'' + y = 0$　($x = 0$ のとき $y = 3,\ y' = -2$)

(5) $y'' - 2y' = 0$　($x = 0$ のとき $y = 2,\ y' = -4$)

(6) $2y'' + 3y' + y = 0$　($x = 0$ のとき $y = 1,\ y' = -2$)

78 次の2階線形微分方程式の一般解を求めよ． 教問 4.47

(1) $y'' - 3y' - 10y = 3e^{4x}$　(2) $y'' - 2y' + y = 3e^{4x} + 1$

(3) $y'' - 2y' + 2y = 2x^2 + 4x$　(4) $y'' + 2y' = 4x + 4$

(5) $y'' - y = x^3 - 1$　(6) $y'' = 4e^{2x}$

79 次の2階線形微分方程式の一般解を求めよ． 教問 4.48

(1) $y'' - 4y' + 3y = 10\sin x$　(2) $y'' + 4y = 3\cos x + 6\sin x$

(3) $y'' + 4y' + 4y = 5\sin x$　(4) $y'' - 2y' + 10y = 2e^x \sin 2x$

(5) $y'' + 3y' = \sin x + \cos x$　(6) $y'' = e^{2x}(\cos 2x + \sin 2x)$

80 次の2階線形微分方程式の一般解を求めよ． 教問 4.49

(1) $y'' - 5y' + 6y = 3e^{2x}$　(2) $y'' - 6y' + 9y = 4e^{3x}$

(3) $y'' + 4y = \sin 2x$　(4) $y'' - 2y' + 2y = 2e^x \sin x$

B

例題 4.7　次の微分方程式を**同次形**という．このとき次の問いに答えよ．

$$\frac{dy}{dx} = f\left(\frac{y}{x}\right) \qquad \cdots ①$$

(1)　①は $u = \dfrac{y}{x}$ とおくと変数分離形となることを示せ．

(2)　同次形微分方程式 $x\dfrac{dy}{dx} = y + x\tan\dfrac{y}{x}$ の一般解を求めよ．

解　(1)　$u = \dfrac{y}{x}$ より u は x の関数であり，$y = xu$ から

$$\frac{dy}{dx} = u + x\frac{du}{dx} \qquad \cdots ②$$

② と $u = \dfrac{y}{x}$ を ① に代入すれば

$$u + x\frac{du}{dx} = f(u), \quad \text{すなわち，} \quad \frac{du}{dx} = \frac{f(u) - u}{x} \quad \left(\frac{du}{f(u) - u} = \frac{dx}{x}\right) \qquad \cdots ③$$

となり，③ は変数分離形である．

(2)　与式の両辺を $x \neq 0$ で割ると

$$\frac{dy}{dx} = \frac{y}{x} + \tan\frac{y}{x} \qquad \cdots ④$$

ここで (1) より，$u = \dfrac{y}{x}$, $\dfrac{dy}{dx} = u + x\dfrac{du}{dx}$ を ④ に代入して

$$u + x\frac{du}{dx} = u + \tan u, \quad \text{すなわち，} \quad \frac{du}{dx} = \frac{\tan u}{x} \quad \left(\frac{du}{\tan u} = \frac{dx}{x}\right) \qquad \cdots ⑤$$

⑤ より

$$\int \frac{1}{\tan u}\frac{du}{dx}\,dx = \int \frac{dx}{x} \quad \Longleftrightarrow \quad \int \frac{\cos u}{\sin u}\,du = \int \frac{dx}{x}$$

$$\therefore \quad \log|\sin u| = \log|x| + A \quad (A \text{ は任意定数}) \quad \Longleftrightarrow \quad \log\left|\frac{\sin u}{x}\right| = A$$

ここで $\left|\dfrac{\sin u}{x}\right| = e^A$ より $C = \pm e^A$ とおくと

$$\sin u = Cx, \quad \text{すなわち，} \quad \sin\frac{y}{x} = Cx$$

■

■注意　1 階微分方程式の解を $f(x, y, C) = 0$ と表す場合もある．

例題 4.8　大気中で質量 m の物体が速さ $v = v(t)$ に比例する空気抵抗（比例定数 $k > 0$）を受けて落下するものとする．t 秒後の物体の速度 $v(t)$ を求めよ．ただし，$v(0) = 0$ とし，重力加速度の大きさは g で表すものとする．

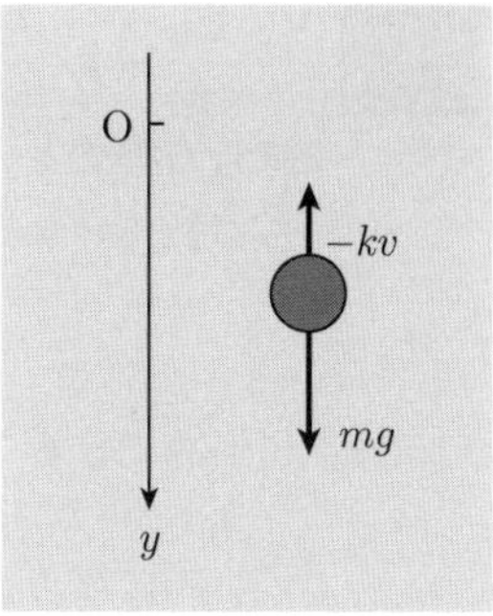

解　物体に働く外力は $mg - kv$ なので運動方程式より

$$m\frac{dv}{dt} = mg - kv \quad \cdots ①$$

①の両辺を m で割り，$k_0 = \dfrac{k}{m}$ とおくと

$$\frac{dv}{dt} = g - k_0 v$$

これは変数分離形なので

$$\int \frac{1}{g - k_0 v}\,dv = \int dt \quad \Longleftrightarrow \quad -\frac{1}{k_0}\log|g - k_0 v| = t + C'$$

$$\Longleftrightarrow \quad \log|g - k_0 v| = -k_0 t - k_0 C'$$

ここで，$C = \pm e^{-k_0 C'}$ とおくと $g - k_0 v = Ce^{-k_0 t}$ となり

$$v = \frac{g}{k_0} - \frac{C}{k_0}e^{-k_0 t}$$

条件から $v(0) = 0$ より，$C = g$ であり，$k_0 = \dfrac{k}{m}$ を代入して

$$v = \frac{mg}{k}\left(1 - e^{-\frac{kt}{m}}\right)$$

■

■**注意**

$$\lim_{t\to\infty} v(t) = \lim_{t\to\infty}\frac{mg}{k}\left(1 - e^{-\frac{kt}{m}}\right) = \frac{mg}{k}$$

なので，十分時間が経過すると速度は $\dfrac{mg}{k}$ に近づくことがわかる．この速度を**終端速度**という．

例題 4.9　$x^2\dfrac{d^2y}{dx^2}+px\dfrac{dy}{dx}+qy=R(x)$ の変数係数 2 階微分方程式を**オイラーの微分方程式**という．これは $x=e^t$ と変数変換すると次の y, t に関する定数係数 2 階線形微分方程式

$$\frac{d^2y}{dt^2}+(p-1)\frac{dy}{dt}+qy=R(e^t)$$

に帰着できることを証明せよ．

解　$\dfrac{dy}{dt}$, $\dfrac{d^2y}{dt^2}$ を計算する．

$$\frac{dy}{dt}=\frac{dy}{dx}\frac{dx}{dt}=\frac{dy}{dx}e^t=x\frac{dy}{dx}$$

$$\frac{d^2y}{dt^2}=\frac{d}{dt}\left(\frac{dy}{dt}\right)=\frac{d}{dx}\left(x\frac{dy}{dx}\right)\frac{dx}{dt}=\left(\frac{dy}{dx}+x\frac{d^2y}{dx^2}\right)x=x\frac{dy}{dx}+x^2\frac{d^2y}{dx^2}$$

これより，$x\dfrac{dy}{dx}=\dfrac{dy}{dt}$, $x^2\dfrac{d^2y}{dx^2}=\dfrac{d^2y}{dt^2}-\dfrac{dy}{dt}$ を与式に代入すると

$$\frac{d^2y}{dt^2}-\frac{dy}{dt}+p\frac{dy}{dt}+qy=R(e^t)$$

となり，整理すれば

$$\frac{d^2y}{dt^2}+(p-1)\frac{dy}{dt}+qy=R(e^t)$$

■

81　次の変数分離形微分方程式の一般解を求めよ．

(1)　$y'=2x(y^2-y)$　　(2)　$(x-1)y'=\tan y$

(3)　$(y-1)^2y'=\dfrac{(\log x)^2}{x}$

82　次の変数分離形微分方程式の（　）内の条件を満たす特殊解を求めよ．

(1)　$xy'=2y\log x$　$(x=1,\ y=e)$

(2)　$x(3+y^2)y'+y^3+y=0$　$(x=1,\ y=1)$

(3)　$x(1+y^2)y'+y^3+3y=0$　$(x=1,\ y=1)$

83　次の同次形微分方程式の一般解を求めよ．

(1)　$(y-x)y'-y-x=0$　　(2)　$xy'+y-2x=0$

84　次の同次形微分方程式の（　）内の条件を満たす特殊解を求めよ．

(1)　$xy' - y = \sqrt{x^2 + y^2}$　$(x = 1,\ y = 0)$

(2)　$(x^2 + y^2)y' + 2xy = 0$　$(x = 0,\ y = 1)$

85　ある市の人口 P（人）の増加率は，その市の飽和人口を A（人）としたとき，そのときの人口 P と $A - P$ との積に比例するという．ただし A は定数である．このとき次の問いに答えよ．

(1)　この市の人口の変化状況を微分方程式で表せ．ただし時刻 t を独立変数とし，比例定数を k（$k > 0$）とせよ．

(2)　(1) で求めた微分方程式の一般解を求めよ．

86　ラジウムは放射線を出しながら崩壊していくが，その崩壊の速さはそのとき残存しているラジウムの量に比例することが知られている．このときラジウムが 1600 年間に最初の量の $\dfrac{1}{3}$ になるとすれば，その後の 3200 年間に最初の量と較べてどれほどになるか．

87　1 杯のコーヒーが 90°C に温められている．室温 10°C の部屋に 2 分間放置したら 70°C になった．コーヒーの温度が 55°C になるのは最初から何分後かを調べたい．ただし室温は一定とし，温度の降下速度はコーヒーの温度と室温との温度差に比例するものとする．また，比例定数は k（$k > 0$）とする．このとき次の問いに答えよ．

(1)　t を時間（分），$x = x(t)$ をコーヒーの温度（°C）とする．このとき $x = x(t)$ が満たす微分方程式を求めよ．

(2)　(1) で求めた微分方程式の解で $x(0) = 90$ を満たすものを求めよ．

(3)　コーヒーの温度が 55°C になるのは最初から何分後か．

88　$y' + P(x)y = Q(x)y^n$（$n \neq 0, 1$）の微分方程式を**ベルヌーイの微分方程式**という．これに対して，以下の問いに答えよ．

(1)　$z = y^{1-n}$ と変数変換すると次の z, x に関する 1 階線形微分方程式

$$z' + (1 - n)P(x)z = (1 - n)Q(x)$$

に帰着できることを証明せよ．

(2)　ベルヌーイの微分方程式 $y' + y = xy^3$ の一般解を求めよ．

(3)　ベルヌーイの微分方程式 $y' + xy = x^3y^2$ の一般解を求めよ．

89 次の微分方程式の一般解を求めよ．

(1)　$y'' - 4y' + 3y = 9x + e^{2x}$

(2)　$y'' - 2y' + 2y = 2x^2 + e^x$

(3)　$y'' - 2y' + y = x^2 + 2\sin x$

(4)　$y'' - 4y' + 4y = 4x + 2e^{2x}$

90 $x = x(t)$, $y = y(t)$ に関する連立微分方程式の一般解を求めよ．

(1)　$\begin{cases} \dfrac{dx}{dt} = 2x + y \\ \dfrac{dy}{dt} = x + 2y \end{cases}$　　(2)　$\begin{cases} \dfrac{dx}{dt} = x + 2y + 5t \\ \dfrac{dy}{dt} = 2x - 2y \end{cases}$

91 次のオイラーの微分方程式の一般解を求めよ．

(1)　$x^2y'' - xy' - 3y = 0$　　(2)　$x^2y'' - 3xy' + 4y = 0$

(3)　$x^2y'' - xy' - 3y = x$　　(4)　$x^2y'' - 3xy' + 4y = x^2$

(5)　$x^2y'' - 4xy' + 6y = x + 1$　　(6)　$x^2y'' - 5xy' + 9y = \dfrac{1}{x}$

(7)　$x^2y'' - 6xy' + 12y = 3x^2$　　(8)　$x^2y'' + xy' + y = x^3$

92 x の整式 $y = f(x)$ が以下の等式を満たしているとする．

$$\int_1^x (4t + 5)f(t)\ dt = 3(x + 2)\int_1^x f(t)\ dt$$

$f(0) = 2$ であるとき，$f(x)$ を求めよ．

93 第 1 象限内にある曲線 $y = f(x)$ が次の性質 (i), (ii) をもつ．このとき，この曲線を求めよ．

(i)　この曲線は点 $(1, 2)$ を通る．

(ii)　この曲線上の任意の点 $\mathrm{P}(x, y)$ における接線が x 軸，y 軸と交わる点をそれぞれ Q, R とおくと，点 P は線分 QR を $2:1$ の比に内分する．

C 発展問題

94 関数 $f(x)$ は，$\sin f(x) = \cos^2 x,\ 0 \leqq f(x) \leqq \dfrac{\pi}{2}$ を満たすとき，次の問いに答えよ． （徳島大学（改変））

(1) $f(0),\ f\left(\dfrac{\pi}{4}\right),\ f'\left(\dfrac{\pi}{4}\right),\ f''\left(\dfrac{\pi}{4}\right)$ をそれぞれ求めよ．

(2) $\displaystyle\lim_{x\to+0} f'(0)$ を求めよ．

95 $x > -1$ において，関数 $f(x) = x\log(x+1),\ g(x) = \dfrac{1}{x+1}$ を考える．このとき，次の問いに答えよ． （徳島大学（改変））

(1) $f'''(x) = g'(x) - g''(x)$ が成り立つことを示せ．

(2) 自然数 n に対して $\displaystyle\sum_{k=1}^{2n+1} f^{(k)}(0)$ を求めよ．

96 次の問いに答えよ． （埼玉大学）

(1) 関数 $x\cos x,\ \log(1+3x)$ をそれぞれ 3 次の項までマクローリン展開せよ．

(2) (1) の結果を用いて次の極限値を求めよ．

$$\lim_{x\to 0}\left\{\frac{1}{\log(1+3x)} - \frac{1}{3x\cos x}\right\}$$

97 次の関数 $f(x)$ に対して以下の問いに答えよ． （金沢大学）

$$f(x) = \begin{cases} e^{-\frac{1}{x^2}} & (x \neq 0) \\ 0 & (x = 0) \end{cases}$$

(1) 関数 $f(x)$ は $x = 0$ で微分可能であることを示せ．

(2) 関数 $f(x)$ はすべての実数に対して 2 回微分可能であり，第 2 次導関数 $f''(x)$ は $x = 0$ で連続であることを示せ．

(3) 関数 $y = f(x)$ のグラフの概形をかけ．

98 パラメータ（媒介変数）t によって表された曲線 C ： $\begin{cases} x = t^2 \\ y = t - \frac{1}{3}t^3 \end{cases}$

（$0 \leqq t \leqq 2$）の長さを求めよ． （滋賀県立大学）

99 xy 平面上の曲線 C が極座標では $r = 1 + \sin\theta$ $(0 \leqq \theta \leqq 2\pi)$ と表されるとき，曲線 C の概形，および曲線 C の囲む面積を求めよ． （岩手大学）

100 xy 平面上の点 P の座標が実数 t の関数として式 $\begin{cases} x(t) = \sin t \\ y(t) = \sin 2t \end{cases}$ で与えられる．ここで $0 \leqq t \leqq \dfrac{\pi}{2}$ の範囲で点 P の描く曲線を C とする．曲線 C と x 軸によって囲まれる領域の面積 S，および曲線 C が x 軸のまわりに 1 回転してできる回転体の体積 V を求めよ． （東北大学）

101 次の広義積分の値を求めよ． （京都工芸繊維大学）

(1) $\displaystyle\int_1^{\infty} \log\left(1 + \frac{3}{x^2}\right) dx$ (2) $\displaystyle\int_0^{\frac{\pi}{2}} (\sin x)\log(\cos x)\ dx$

102 a, b は実定数で $a \neq 0$ とするとき，次の問いに答えよ． （広島大学）

(1) 次の 1 階線形微分方程式の一般解を求めよ．

$$\frac{dy}{dx} + ay = \cos bx \qquad ①$$

(2) 初期値 $y(0)$ がどのような値であっても，$x \to \infty$ のとき微分方程式①の解 $y(x)$ が収束するための必要十分条件を a と b を用いて表せ．

103 実数値関数 $f(x)$ は $-\infty < x < \infty$ で連続であり，方程式

$$f(x) = 1 + \int_0^x (t - x)f(t)\ dt$$

を満たすとする．$f(0), f'(0)$，および $f(x)$ の満たす微分方程式を求めよ．また $f(x)$ の満たす微分方程式を解け． （千葉大学）

104 次の微分方程式について以下の問いに答えよ．

$$\frac{d^2y}{dx^2} - \frac{4 + x}{x}\frac{dy}{dx} + \frac{6 + 2x}{x^2}y = 0$$

(1) $y = x^2$ がこの微分方程式の解となっていることを示せ．

(2) $y = ux^2$（u は x の関数）がこの微分方程式の解となるために，u が満たすべき微分方程式を求めよ．

(3) (2) で求めた微分方程式を u について解き，最初の微分方程式の解を求めよ．

5 偏 微 分

5.1 2変数関数とその連続性

2変数関数の定義域・値域 関数 $z = f(x, y)$ を考える点 (x, y) の範囲を**定義域**といい，点 (x, y) が定義域を動くとき $f(x, y)$ の値がとる範囲を**値域**という．

2変数関数の極限 $(x, y) \neq (a, b)$ かつ $(x, y) \to (a, b)$ のとき，近づき方によらず $f(x, y)$ の値が一定の値 α に近づくなら，$f(x, y)$ は**極限値** α に**収束**するといい，次のように表す．

$$\lim_{(x,y)\to(a,b)} f(x, y) = \alpha \quad \text{または} \quad f(x, y) \to \alpha \quad ((x, y) \to (a, b))$$

2変数関数の連続性 関数 $f(x, y)$ の定義域 D に含まれる点 (a, b) について，

$$\lim_{(x,y)\to(a,b)} = f(a, b)$$

となるとき，$f(x, y)$ は点 (a, b) で**連続**であるという．

A

1 次の関数の定義域と値域を述べよ． ◀教問 5.1

(1) $z = \sqrt{1 + x^2 + y^2}$ (2) $z = \dfrac{1}{x + y}$ (3) $z = \log(x^2 - y)$

2 2変数関数 $z = f(x, y) = 1 - y^2$ のグラフについて，平面 $x = a$（a は定数），および平面 $y = b$（b は定数）で切った切り口を表す曲線の方程式を調べよ． ◀教問 5.2

3 次の関数 $f(x, y)$ について，$(x, y) \to (0, 0)$ のときの極限を調べよ．

（(1)：新潟大） ◀教問 5.3

(1) $f(x, y) = \dfrac{x^2 y}{x^2 + y^2}$ (2) $f(x, y) = \dfrac{x^2 y + xy^2}{x^2 + y^2}$

4 次の関数 $f(x,y)$ について，$(x,y) \to (0,0)$ のときの極限を調べよ．

(1) $f(x,y) = \dfrac{x^3+x^2+y^2}{x^2+y^2}$ (2) $f(x,y) = \dfrac{x^2 y}{x^4+y^2}$

5 次の関数 $f(x,y)$ の原点 $(0,0)$ における連続性を調べよ． ◀教問 5.4

(1) $f(x,y) = \begin{cases} \dfrac{xy}{\sqrt{x^2+y^2}} & ((x,y) \neq (0,0)) \\ 1 & ((x,y) = (0,0)) \end{cases}$

(2) $f(x,y) = \begin{cases} (x+y)\sin\dfrac{x}{y} & (y \neq 0) \\ 0 & (y = 0) \end{cases}$

6 関数 $f(x,y) = \begin{cases} \cos(x+y) & ((x,y) \neq (0,0)) \\ c & ((x,y) = (0,0)) \end{cases}$ が原点 $(0,0)$ で連続となるように定数 c の値を定めよ． ◀教問 5.4

B

例題 5.1 $(x,y) \neq (0,0)$ で定義された関数 $f(x,y) = \tan^{-1}\dfrac{1}{x^2+y^2}$ が原点 $(0,0)$ において連続となるように $f(0,0)$ の値を定めよ．

解 極座標 $x = r\cos\theta$, $y = r\sin\theta$ を用いると，$(x,y) \neq (0,0)$ において，$f(x,y) = \tan^{-1}\dfrac{1}{r^2}$ である．$(x,y) \to (0,0)$ のとき $\dfrac{1}{r^2} \to \infty$ となり，

$$\tan^{-1}\frac{1}{r^2} \to \tan^{-1}\infty = \frac{\pi}{2}$$

より，$f(0,0) = \dfrac{\pi}{2}$ となる． ■

7 xy 平面上の原点を除いた点で定義された 2 変数関数

$$f(x,y) = x\log(2x^2+y^2) \quad ((x,y) \neq (0,0))$$

が $\mathbb{R}^2$ 上連続になるように $f(0,0)$ の値を定めよ． （東北大学）

5.2 偏微分係数と偏導関数

偏導関数　2 変数関数 $f(x,y)$ の定義域内の各点 (x,y) において，$z=f(x,y)$ を y を定数とみなして x の関数として微分したものを

$$f_x(x,y),\quad f_x,\quad \frac{\partial f}{\partial x}(x,y),\quad \frac{\partial z}{\partial x}$$

などとかいて，**x に関する偏導関数**という．また x を定数とみなして y の関数として微分したものを

$$f_y(x,y),\quad f_y,\quad \frac{\partial f}{\partial y}(x,y),\quad \frac{\partial z}{\partial y}$$

とかいて，**y に関する偏導関数**という．

偏微分係数　関数 $f(x,y)$ の定義域内の点 (a,b) における偏微分係数を求めるには，偏導関数 $f_x(x,y)$, $f_y(x,y)$ の点 (a,b) における値を求めればよい．

A

8　次の関数 $z=f(x,y)$ の偏導関数 $\dfrac{\partial z}{\partial x}, \dfrac{\partial z}{\partial y}$ を計算せよ．

（(1)：広島市立大学，(2)：北見工業大学，(3)：埼玉大学，
(4)：神奈川大学，(5)：静岡大学）　◀教問 5.6

(1)　$z=\cos xy$　　(2)　$z=x\sin y$　　(3)　$z=x^2 e^{\frac{y}{x}}$

(4)　$z=\dfrac{xy}{x^2+y^2}$　　(5)　$z=\tan^{-1}\dfrac{y^2}{x}-\tan^{-1}\dfrac{x+y^2}{x-y^2}$

9　関数 $f(x,y)=\sqrt{x-y}$ の点 $(2,1)$ における偏微分係数の値 $f_x(2,1)$, $f_y(2,1)$ をそれぞれ求めよ．　◀教例題 5.6

10　2 変数関数 $f(x,y)=x^2-5xy^2+3y^2$ に関して，$\dfrac{\partial f}{\partial x}$ および $\dfrac{\partial f}{\partial y}$ を求めよ．また点 $(3,2)$ における x 方向，y 方向の偏微分係数を求めよ．

（佐賀大学）　◀教例題 5.6

B

例題 5.2

$$f(x,y)=\begin{cases}\dfrac{x^3-y^3}{x^2+y^2} & ((x,y)\neq(0,0))\\ 0 & ((x,y)=(0,0))\end{cases}$$ で与えられる関数について,

原点における偏微分係数 $f_x(0,0)$, $f_y(0,0)$ を求めよ.

解

$$f_x(0,0)=\lim_{h\to 0}\frac{f(h,0)-f(0,0)}{h}=\lim_{h\to 0}\frac{1}{h}\left(\frac{h^3-0}{h^2+0}-0\right)=1$$

$$f_y(0,0)=\lim_{k\to 0}\frac{f(0,k)-f(0,0)}{k}=\lim_{k\to 0}\frac{1}{k}\left(\frac{0-k^3}{0+k^2}-0\right)=-1$$ ■

11 2変数関数

$$f(x,y)=\begin{cases}\dfrac{x^3}{x^2+y^2} & ((x,y)\neq(0,0)\text{ のとき})\\ 0 & ((x,y)=(0,0)\text{ のとき})\end{cases}$$

に関する次の問いに答えよ. (九州大学)

(1) $f(x,y)$ は $(0,0)$ で連続であることを示せ.

(2) $f(x,y)$ は $(0,0)$ で x に関して, また y に関して偏微分可能であることを示せ.

(3) 偏導関数 $f_x(x,y)$ および $f_y(x,y)$ は $(0,0)$ で連続であるかどうか調べよ.

解く前に (1) $\displaystyle\lim_{(x,y)\to(0,0)} f(x,y)=f(0,0)$ を示す.

(2) 例題 5.2 と同様に定義にしたがって偏微分係数が求められれば偏微分可能である.

(3) $(x,y)\neq(0,0)$ で f_x, f_y を求め, $(x,y)\to(0,0)$ の極限を調べるとよい.

5.3 合成関数の偏微分

$z = f(u)$ と $u = u(x, y)$ の合成

$$\frac{\partial z}{\partial x} = f'(u)\,u_x(x, y) = \frac{dz}{du}\frac{\partial u}{\partial x}, \quad \frac{\partial z}{\partial y} = f'(u)\,u_y(x, y) = \frac{dz}{du}\frac{\partial u}{\partial y}$$

$z = f(x, y)$ と $x = x(t),\ y = y(t)$ の合成

$$\frac{dz}{dt} = f_x(x, y)x'(t) + f_y(x, y)y'(t) = \frac{\partial z}{\partial x}\frac{dx}{dt} + \frac{\partial z}{\partial y}\frac{dy}{dt}$$

$z = f(x, y)$ と $x = x(s, t),\ y = y(s, t)$ の合成

$$\frac{\partial z}{\partial s} = f_x(x, y)x_s(s, t) + f_y(x, y)y_s(s, t) = \frac{\partial z}{\partial x}\frac{\partial x}{\partial s} + \frac{\partial z}{\partial y}\frac{\partial y}{\partial s}$$

$$\frac{\partial z}{\partial t} = f_x(x, y)x_t(s, t) + f_y(x, y)y_t(s, t) = \frac{\partial z}{\partial x}\frac{\partial x}{\partial t} + \frac{\partial z}{\partial y}\frac{\partial y}{\partial t}$$

A

12　$z = f(u)$ と $u = x^2 + y^2$ の合成関数 $z = f(x^2 + y^2)$ の偏導関数を f' を用いて表せ.　◀教問 5.7

13　$z = f(x, y)$ と次の関数 $x = x(t),\ y = y(t)$ の合成関数 $f(x(t), y(t))$ について，導関数 $\dfrac{dz}{dt}$ を f_x と f_y を用いて表せ.　◀教問 5.8

(1)　$x = 2t + 1,\ y = 3 - t$　　(2)　$x = t^3,\ y = 2t$

14　$z = \sin x \cos y,\ x = e^t,\ y = \log t$ のとき，$\dfrac{dz}{dt}$ を t の関数として求めよ.

（鳥取大学）　◀教問 5.8

15　$z = x^2 + y^2,\ x = s + t,\ y = s - t$ のとき，$z_s,\ z_t$ を計算せよ.　◀教問 5.9

16　$z = f(x, y)$ と次の関数の合成関数 $f(x(s, t), y(s, t))$ の偏導関数 $z_s,\ z_t$ を $f_x,\ f_y$ を用いて表せ.　◀教問 5.9

(1)　$x = 2s + 3t,\ y = 4s + 5t$　　(2)　$x = e^s \cos t,\ y = e^s \sin t$

B

例題 5.3 C^1 級の関数 $f(x,y)$ が任意の 0 でない実数 t に対して

$$f(tx,ty)=t^n f(x,y)$$

という関係式を満たすとき，$f(x,y)$ は n 次の同次式であるという．このとき

$$x\,f_x(x,y)+y\,f_y(x,y)=n\,f(x,y)$$

が成り立つことを示せ．

解 $f(x,y)$ が n 次の同次式であるとき，任意の定数 a, b に対して

$$f(at,bt)=t^n f(a,b)$$

が成り立つ．この式の両辺を t の関数として微分すると

$$a\,f_x(at,bt)+b\,f_y(at,bt)=nt^{n-1}f(a,b)$$

となる．ここで $t=1$ を代入すると次が得られる．

$$a\,f_x(a,b)+b\,f_y(a,b)=n\,f(a,b)$$

ここで，定数 a, b は任意であったから

$$x\,f_x(x,y)+y\,f_y(x,y)=n\,f(x,y)$$ ■

---

17 $z=\tan^{-1}\dfrac{x^2-y^2}{x^2+y^2}$ のとき，$x\dfrac{\partial z}{\partial x}+y\dfrac{\partial z}{\partial y}=0$ となることを示せ．

（福井大学）

18 u, v に関する 2 変数関数 $z=\dfrac{e^{-u}}{v}$ と x, y に関する 2 変数関数 $u=\dfrac{y}{x}$, $v=x^2+y^2$ について，次の問いに答えよ．（宮崎大学）

(1) $\dfrac{\partial z}{\partial u}$ を u と v で表せ． (2) $\dfrac{\partial u}{\partial x}$ を x と y で表せ．

(3) $\dfrac{\partial z}{\partial x}$ を x と y で表せ．

19 極座標変換 $x=r\cos\theta$, $y=r\sin\theta$ に対して，$J=\dfrac{\partial x}{\partial r}\dfrac{\partial y}{\partial \theta}-\dfrac{\partial x}{\partial \theta}\dfrac{\partial y}{\partial r}$ とおく．J を計算せよ．（茨城大学）

5.4　高次導関数とテイラーの定理

第 2 次偏導関数　関数 $z=f(x,y)$ の偏導関数 f_x, f_y がさらに偏微分可能であるとき **2 回偏微分可能**であるといい，その偏導関数を**第 2 次偏導関数**という．f_x, f_y をそれぞれ x で偏微分したものは次のように表される．

$$(f_x)_x(x,y)=f_{xx}(x,y)=\frac{\partial^2 f}{\partial x^2}(x,y)=z_{xx}$$

$$(f_y)_x(x,y)=f_{yx}(x,y)=\frac{\partial^2 f}{\partial x\partial y}(x,y)=z_{yx}$$

偏微分の順序　関数 $f(x,y)$ が点 (a,b) の近傍で C^2 級であるならば，点 (a,b) の近傍で $f_{xy}(x,y)=f_{yx}(x,y)$ である．

テイラー展開

$$\begin{aligned}f(a+h,b+k)&=f(a,b)+\{f_x(a,b)h+f_y(a,b)k\}\\&\quad+\frac{1}{2!}\left\{f_{xx}(a,b)h^2+2f_{xy}(a,b)+f_{yy}(a,b)k^2\right\}+\cdots\\&\quad+\frac{1}{(n-1)!}\left(h\frac{\partial}{\partial x}+k\frac{\partial}{\partial y}\right)^{n-1}f(a,b)+R_n\end{aligned}$$

ここで，R_n はある θ（$0<\theta<1$）によって次のように表される．

$$R_n=\frac{1}{n!}\left(h\frac{\partial}{\partial x}+k\frac{\partial}{\partial y}\right)^n f(a+\theta h,b+\theta k)$$

A

20　次の関数の第 2 次偏導関数を求めよ．　（(1)：宮崎大学，(2)：埼玉大学，(3)：信州大学，(4), (5)：工学院大学）　◀教問 5.10

(1)　$f(x,y)=x^3+3xy+y^3$

(2)　$f(x,y)=x^2-x\sin y-\cos^2 y$

(3)　$f(x,y)=(x^3+y^2)^5$

(4)　$f(x,y)=\sqrt{x^2+y^2}$

(5)　$f(x,y)=\sqrt[3]{2x+3y}$

21 次の関数 $f(x,y)$ について，点 (a,b) において 2 次の項までテイラー展開せよ．ただし剰余項は R_3 とかくだけでよい．

◀教問 5.11

(1) $f(x,y)=(1+x)e^{x-y}$ $\quad((a,b)=(0,0))$

(2) $f(x,y)=\dfrac{1}{x+y}$ $\quad((a,b)=(1,1))$

(3) $f(x,y)=\log(2x+3y)$ $\quad((a,b)=(2,-1))$

B

例題 5.4 $u(r)$ は区間 $(0,\infty)$ 上で 2 回微分可能な関数とし，さらに $u''(r)$ が $(0,\infty)$ 上で連続であるとする．関数 $f(x,y)$ を $f(x,y)=u(r)$（ただし $r=\sqrt{x^2+y^2}$）と定める．このとき

$$\frac{\partial^2 f}{\partial x^2}(x,y)+\frac{\partial^2 f}{\partial y^2}(x,y)=u''(r)+\frac{1}{r}u'(r)$$

を示せ．（広島大学）

解

$$\frac{\partial f}{\partial x}(x,y)=\frac{\partial}{\partial x}u(r)=u'(r)\frac{\partial r}{\partial x}=u'(r)\frac{x}{\sqrt{x^2+y^2}}=\frac{u'(r)}{r}x$$

であるから

$$\frac{\partial^2 f}{\partial x^2}(x,y)=\frac{\partial}{\partial x}\left(\frac{u'(r)}{r}x\right)=\frac{r\,u''(r)-u'(r)}{r^2}\frac{\partial r}{\partial x}x+\frac{u'(r)}{r}$$

$$=\frac{r\,u''(r)-u'(r)}{r^2}\frac{x^2}{r}+\frac{u'(r)}{r}=x^2\frac{u''(r)}{r^2}-x^2\frac{u'(r)}{r^3}+\frac{u'(r)}{r}$$

同様にして

$$\frac{\partial^2 f}{\partial y^2}(x,y)=y^2\frac{u''(r)}{r^2}-y^2\frac{u'(r)}{r^3}+\frac{u'(r)}{r}$$

したがって

$$\frac{\partial^2 f}{\partial x^2}(x,y)+\frac{\partial^2 f}{\partial y^2}(x,y)=(x^2+y^2)\frac{u''(r)}{r^2}-(x^2+y^2)\frac{u'(r)}{r^3}+2\frac{u'(r)}{r}$$

$$=r^2\frac{u''(r)}{r^2}-r^2\frac{u'(r)}{r^3}+2\frac{u'(r)}{r}$$

$$=u''(r)+\frac{1}{r}u'(r)$$

■

22 C^2 級関数 $f(x,y)$ に対して，$x = r\cos\theta$, $y = r\sin\theta$ として，$g(r,\theta) = f(r\cos\theta, r\sin\theta)$ とおく．このとき，$g_{rr} + \dfrac{g_r}{r} + \dfrac{g_{\theta\theta}}{r^2}$ を f_x, f_y, f_{xx}, f_{xy}, f_{yy} で表せ．（埼玉大学）

解く前に　合成関数の偏微分の公式を用いて，偏微分を繰り返す．

23 $\left(\dfrac{\partial^2}{\partial x^2} + \dfrac{\partial^2}{\partial y^2}\right)\log(x^2+y^2)$ を計算せよ．ただし $x^2+y^2 \neq 0$ とする．

（室蘭工業大学）

解く前に　普通に計算してもよいが，例題 5.4 の結果を用いるとよい．

24 関数 $z(x,y)$ は

$$z = \log\sqrt{1+x^2+y^2}$$

とする．$z(x,y)$ の第 1 次偏導関数 $\dfrac{\partial z}{\partial x}$ と，第 2 次偏導関数の和 $\dfrac{\partial^2 z}{\partial x^2} + \dfrac{\partial^2 z}{\partial y^2}$ を求めよ．（北九州市立大学）

25 $\boldsymbol{x} = (x_1, x_2, x_3) \in \mathbb{R}^3$, $\boldsymbol{x} \neq \boldsymbol{0}$ において関数 f を

$$f(x) = \frac{1}{|\boldsymbol{x}|}, \quad |\boldsymbol{x}| = \sqrt{x_1^2 + x_2^2 + x_3^2}$$

で定義する．このとき

$$\nabla f = \left(\frac{\partial f}{\partial x_1}, \frac{\partial f}{\partial x_2}, \frac{\partial f}{\partial x_3}\right) \quad \text{および} \quad \Delta f = \frac{\partial^2 f}{\partial x_1^2} + \frac{\partial^2 f}{\partial x_2^2} + \frac{\partial^2 f}{\partial x_3^2}$$

を求めよ．（徳島大学）

26 関数 $z = f(v)$ および $v = g(x,y)$ は，連続かつそれぞれの変数に関して 2 回微分可能であるとする．このとき $\dfrac{\partial z}{\partial x}$ と $\dfrac{\partial^2 z}{\partial x^2}$ を表す式を求めよ．

（鳥取大学）

27 $z = f(x,y)$, $x = g(t)$, $y = h(t)$ がそれぞれ C^2 級の関数であるとき $\dfrac{d^2 z}{dt^2}$ を求めよ．（広島市立大学）

5.5 接平面と全微分

曲面の接平面と法線 C^1 級関数 $f(x,y)$ で定まる曲面 $z=f(x,y)$ について，曲面の点 $(a,b,f(a,b))$ における**接平面の方程式**は

$$z-f(a,b)=f_x(a,b)(x-a)+f_y(a,b)(y-b)$$

である．この平面に垂直なベクトルを曲面 $z=f(x,y)$ の点 $(a,b,f(a,b))$ における**法線ベクトル**という．例えば，

$$\overrightarrow{n}=(f_x(a,b),f_y(a,b),-1)$$

は法線ベクトルである．点 $(a,b,f(a,b))$ を通り，法線ベクトルに平行な直線を曲面 $z=f(x,y)$ の点 $(a,b,f(a,b))$ における**法線**という．$f_x(a,b)\neq 0$ かつ $f_y(a,b)\neq 0$ のとき，**法線の方程式**は次のようになる．

$$\frac{x-a}{f_x(a,b)}=\frac{y-b}{f_y(a,b)}=\frac{z-f(a,b)}{-1}$$

全微分 C^1 級関数 $z=f(x,y)$ について，

$$dz=df(x,y)=f_x\,(x,y)\,dx+f_y(x,y)\,dy$$

を関数 $f(x,y)$ の**全微分**という．

A

28 xyz 空間内の点 $\left(\frac{1}{\sqrt{3}},\frac{1}{\sqrt{3}},\frac{1}{\sqrt{3}}\right)$ における曲面 $z=\sqrt{1-x^2-y^2}$ の接平面の方程式を求めよ． （愛媛大学） ◀教問 5.12

29 $z=x^3-3xy+y^3$ の表す曲面を S とする．S 上の点 $\mathrm{P}(-2,1,-1)$ における S の接平面の方程式を求めよ． （東京農工大学） ◀教問 5.12

30 関数 $f(x,y)=x^2y^3$ について，次の問いに答えよ．

（新潟大学） ◀教問 5.12

(1) $f_x(x,y)$, $f_y(x,y)$ を求めよ．

(2) 曲面 $z=f(x,y)$ 上の点 $(2,1,4)$ における接平面の方程式を求めよ．

31 曲面 $z=\sqrt{2x^2+y^2-16}$ 上の点 $(2,3,1)$ における法線の方程式を求めよ．

◀教問 5.12

32 曲面 $z=\dfrac{x^2}{a^2}+\dfrac{y^2}{b^2}$ $(a,b>0)$ で表される曲面の曲面上の点 (x_0,y_0,z_0) $(x_0\neq 0, y_0\neq 0)$ における接平面と法線の方程式を求めよ．

（鳥取大学）　◀教問 5.12

33 関数 $z=\log(x^2+y^2)$ について，全微分 dz を求めよ．　◀教問 5.13

34 関数 $f(x,y)=\dfrac{x^2}{y}$ の全微分 df を求めよ．　（鳥取大学）　◀教問 5.13

B

例題 5.5　関数 $f(x,y)=\tan^{-1}\dfrac{x}{y}$ の点 $(\sqrt{3},1)$ における勾配《こうばい》ベクトル $(f_x(\sqrt{3},1), f_y(\sqrt{3},1))$ を求めよ．

解　$f_x(x,y)=\dfrac{\frac{1}{y}}{1+(\frac{x}{y})^2}=\dfrac{y}{x^2+y^2}$, $f_y(x,y)=\dfrac{-\frac{x}{y^2}}{1+(\frac{x}{y})^2}=\dfrac{-x}{x^2+y^2}$ より，

$$(f_x(\sqrt{3},1), f_y(\sqrt{3},1))=\left(\frac{1}{4}, -\frac{\sqrt{3}}{4}\right)$$ ■

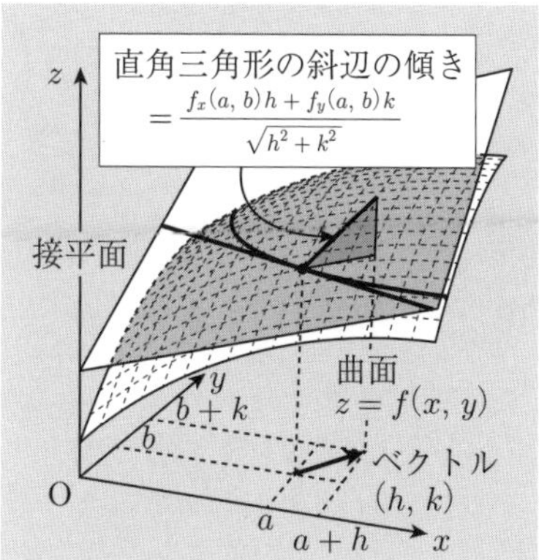

■参考　関数 $f(x,y)$ の点 (a,b) における勾配ベクトル $(f_x(a,b), f_y(a,b))$ の方向と大きさは，点 (a,b) における接平面

$z-f(a,b)=f_x(a,b)(x-a)+f_y(a,b)(y-b)$

上を x 方向に h，y 方向に k だけ移動するときの傾斜（図の直角三角形の斜辺の傾き）

$\dfrac{f_x(a,b)h+f_y(a,b)k}{\sqrt{h^2+k^2}}$ が最も大きくなる方向とそのときの傾斜の大きさである．

---

35 関数 $f(x,y)=\log(x^2+2y^2)$ について次の問いに答えよ．　（秋田大学）

(1)　点 $(2,1)$ における勾配ベクトルを求めよ．

(2)　点 $(2,1)$ におけるグラフの接平面の，点 $(3,2)$ における z 座標と，接点の z 座標との差を求めよ．

5.6 2変数関数の極値

極 値 2変数関数 $f(x,y)$ に対して，点 (a,b) の近くの任意の点 (x,y) で

$$f(a,b) > f(x,y) \text{ ならば点 } (a,b) \text{ で極大値 } f(a,b)$$

$$f(a,b) < f(x,y) \text{ ならば点 } (a,b) \text{ で極小値 } f(a,b)$$

をとるという．極大値と極小値を合わせて**極値**という．

極値の判定 関数 $f(x,y)$ が点 (a,b) で極値をとるならば $f_x(a,b) = f_y(a,b) = 0$ である．

ヘッセ行列式（ヘッシアン）を

$$H(x,y) = \begin{vmatrix} f_{xx}(x,y) & f_{xy}(x,y) \\ f_{yx}(x,y) & f_{yy}(x,y) \end{vmatrix} = f_{xx}(x,y)f_{yy}(x,y) - \{f_{xy}(x,y)\}^2$$

とおく．$f_x(a,b) = f_y(a,b) = 0$ であって，さらに

(1) $H(a,b) > 0$ のとき

(a) $f_{xx}(a,b) > 0$ ならば，$f(x,y)$ は点 (a,b) で極小値をとる．

(b) $f_{xx}(a,b) < 0$ ならば，$f(x,y)$ は点 (a,b) で極大値をとる．

(2) $H(a,b) < 0$ のときは，$f(x,y)$ は点 (a,b) で極値をとらない．

A

36 次の関数の停留点を求めよ． ◀教問 5.11

(1) $f(x,y) = x^2 + y^2 + xy - 4x - 2y$

(2) $f(x,y) = -x^2 - 4xy + y^3 + 4y$

(3) $f(x,y) = xe^{-x^2-y^2}$

37 次の関数のヘッセ行列式を求めよ． ◀教問 5.11

(1) $f(x,y) = ax^2 + 2bxy + cy^2$ （a, b, c は定数）

(2) $f(x,y) = x^2y - 2xy + 3$

(3) $f(x,y) = x + 3x^2y - xy^2 + y^3 - 3x^2 + y^2 + 4$

(4) $f(x,y) = \dfrac{1}{x} + \dfrac{1}{y}$

38 関数 $f(x,y) = x^2 + y^2$ は原点において $\boxed{\text{ア}}$. 関数 $g(x,y) = x^2 - y^2$ は原点において $\boxed{\text{イ}}$. $\boxed{\text{ア}}$, $\boxed{\text{イ}}$ に当てはまるものを次の①〜④うちからそれぞれ 1 つ選べ.

◀教問 **5.11**

① 極小値をとる　② 極大値をとる
③ 極値をとらない　④ 偏微分可能ではない

39 a, b, c を定数とし, x, y の 2 変数関数 $z = ax^2 + 2bxy + cy^2$ が点 $(x,y) = (0,0)$ で極値をとるための条件を調べたい. 次の問いに答えよ.

◀教問 **5.11**

(1) $a = c = 0, b \neq 0$ のとき, z は $(x,y) = (0,0)$ で極値をとるか. 次の①〜⑤のうちから正しいものを 1 つ選べ.

① 極値をとり, 極大値である　② 極値をとり, 極小値である
③ 極値をとるが, 極大値か極小値かは不明
④ 極値はとらない　⑤ 極値をとるかどうかは不明

(2) $a \neq 0$ のとき, z は次のように変形できる.

$$z = a\left(x + \frac{b}{a}y\right)^2 + \frac{ac - b^2}{a}y^2$$

これを参考にして, z が点 $(x,y) = (0,0)$ において極大値をとるための条件を, 次の①〜④のうちから正しいものを 1 つ選べ.

① $a > 0,\ ac - b^2 > 0$　② $a > 0,\ ac - b^2 < 0$
③ $a < 0,\ ac - b^2 > 0$　④ $a < 0,\ ac - b^2 < 0$

40 次の関数のうち, 点 $(x,y) = (0,0)$ で極小となるものはどれか.

◀教問 **5.11**

① $z = x^2 - y^3$　② $z = x^2 + y^3$
③ $z = x^2 - y^4$　④ $z = x^2 + y^4$

41 次の文章が正しくなるように, $\boxed{\text{ア}}$, $\boxed{\text{イ}}$ に当てはまる数を答えよ. また, $\boxed{\text{ウ}}$ に当てはまる言葉を次の①〜⑥のうちから正しいものを 1 つ選べ.

2 変数関数 $f(x,y) = x^2 - 6xy + 10y^2 + 2x - 10y$ は点 ($\boxed{\text{ア}}$, $\boxed{\text{イ}}$) において $\boxed{\text{ウ}}$.

◀教問 **5.11**

① 極大値 4 をとる ② 極大値 −5 をとる

③ 極小値 4 をとる ④ 極小値 −5 をとる

⑤ 極値をとるが，極大値か極小値かは不明である

⑥ $f_x = f_y = 0$ となるが極値はとらない

42 次の関数の極値を求めよ． ◀教問 5.11

(1) $f(x, y) = x^2 + 2y^2 - xy - x - 2y$

(2) $f(x, y) = 2y^2 - 4xy + x^4$

(3) $f(x, y) = e^{-xy}(x + y)$ (4) $f(x, y) = x^2 + xy + y^2 - 4x - 2y$

(5) $f(x, y) = e^x(x^2 + y^2)$ (6) $f(x, y) = xy(x^2 + y^2 - 1)$

(7) $f(x, y) = 3x^2 + 6xy - 2y^3$

B

例題 5.6 2 変数 x, y の関数

$$z = xy(x + y - 1)$$

の極値を求めよ． （東京工業大学）

解

$$z_x(x, y) = y(2x + y - 1) = 0$$

$$z_y(x, y) = x(x + 2y - 1) = 0$$

を解くと停留点は点 $(0, 0)$, $(1, 0)$, $(0, 1)$, $\left(\dfrac{1}{3}, \dfrac{1}{3}\right)$ となる．$z_{xx}(x, y) = 2y$, $z_{xy}(x, y) = 2x + 2y - 1$, $z_{yy} = 2x$ から $H(x, y) = 4xy - (2x + 2y - 1)^2$

よって点 $\left(\dfrac{1}{3}, \dfrac{1}{3}\right)$ 以外の停留点では $H < 0$ となり，点 $\left(\dfrac{1}{3}, \dfrac{1}{3}\right)$ では $H = \dfrac{1}{3} > 0$

さらに $z_{xx} = \dfrac{2}{3} > 0$ であることから点 $\left(\dfrac{1}{3}, \dfrac{1}{3}\right)$ のとき，極小値 $-\dfrac{1}{27}$ をとる． ■

43 次の関数の極値を求めよ．

(1) $f(x, y) = -(x^2 + y^2)^2 + 2(x^2 - y^2)$

(2) $f(x, y) = (x + y)e^{-x^2 - y^2}$

(3) $f(x, y) = y^3 + 2y^2 + x^2 - 4y$

5.7 陰関数定理

陰関数の導関数　関数 $F(x,y)$ は点 (a,b) の近くで C^1 級であり

$$F(a,b)=0,\quad F_y(a,b)\neq 0$$

ならば，$x=a$ の近くにおける関数 $y=f(x)$ で $F(x,f(x))=0$, $b=f(a)$ を満たすものがただ 1 つ存在する．このとき $y=f(x)$ は微分可能であり

$$\frac{dy}{dx}=-\frac{F_x(x,y)}{F_y(x,y)}$$

となる．

接線と法線　関数 $F(x,y)$ は点 (a,b) の近くで C^1 級であるとし，$f_x(a,b)=f_y(a,b)=0$ ではないとする．曲線 C 上の点 (a,b) における接線と法線の方程式は次で与えられる．

接線　$F_y(a,b)(y-b)+F_x(a,b)(x-a)=0$

法線　$F_x(a,b)(y-b)-F_y(a,b)(x-a)=0$

A

44　$x^3+y^3-4xy=0$ とする．この曲線上の点 $(2,2)$ の近くで陰関数 $y=f(x)$ が存在することを示し，その微分係数 $f'(2)$ を求めよ．　教例 5.2

45　次の [ ] 内の点における接線と法線の方程式を求めよ．　教問 5.13

(1)　$x^2+2y^2=4$　$[(-\sqrt{2},1)]$

(2)　$x^2+xy+y^2=1$　$[(1,-1)]$

(3)　$x^2+y^3-y^2=4$　$[(2,1)]$

(4)　$xe^y-\log y=1$　$\left[\left(\frac{1}{e},1\right)\right]$

(5)　$\sqrt{x^2+y^2}=2xy+1$　$[(0,1)]$

(6)　$4x-3y-2\pi\sin(x+y)=0$　$\left[\left(\frac{\pi}{2},\frac{\pi}{3}\right)\right]$

(7)　$x+2y-e\log x^2y=0$　$[(e,e)]$

(8)　$xe^{2x+y}+\frac{1}{2}y=0$　$[(1,-2)]$

B

例題 5.7 $2\sin(x+y) - \sin xy - 2 = 0$ 上の点 $\left(\dfrac{\pi}{2}, 0\right)$ の近くで陰関数 $y = f(x)$ が存在することを示し，その微分係数 $f'\left(\dfrac{\pi}{2}\right)$ を求めよ．

解 $F(x, y) = 2\sin(x+y) - \sin xy - 2$ とおくと

$$F\left(\frac{\pi}{2}, 0\right) = 2\sin\left(\frac{\pi}{2} + 0\right) + \sin 0 - 2 = 0$$

である．$F(x, y)$ を y で偏微分すると

$$F_y(x, y) = 2\cos(x+y) - x\cos xy$$

となり，

$$F_y\left(\frac{\pi}{2}, 0\right) = -\frac{\pi}{2} \neq 0$$

よって点 $\left(\dfrac{\pi}{2}, 0\right)$ の近くで陰関数 $y = f(x)$ が存在する．

また，微分係数 $f'\left(\dfrac{\pi}{2}\right)$ は

$$f'\left(\frac{\pi}{2}\right) = -\frac{F_x\left(\frac{\pi}{2}\right)}{F_y\left(\frac{\pi}{2}\right)} = -\frac{2\cos\left(\frac{\pi}{2} + 0\right) - 0\cos\left(\frac{\pi}{2}\cdot 0\right)}{2\cos\left(\frac{\pi}{2}\right) - \frac{\pi}{2}\cos\left(\frac{\pi}{2}\cdot 0\right)} = 0$$

となる． ■

---

46 $\log\sqrt{x^2+y^2} - \tan^{-1}\dfrac{y}{x} = 0$ 上の点 $(1, 0)$ の近くで陰関数 $y = f(x)$ が存在することを示し，その微分係数 $f'(1)$ を求めよ．

47 $x^2 - 4y^2 + 9 = 0$ で与えられた陰関数 y の極値を求めよ．

5.8 最大値・最小値，条件付き極値問題

最大値・最小値　2 変数関数の**最大値・最小値**は，ほとんどの場合，極値をとる点か定義域の境界での値を調べるとよい．

条件付き極値をとり得る条件　条件 $g(x,y)=0$ のもとで，関数 $z=f(x,y)$ が点 (a,b) で極値をとるとする．以下，

$$\begin{cases} f_x(a,b)=\lambda g_x(a,b) \\ f_y(a,b)=\lambda g_y(a,b) \\ g(a,b)\ \ =0 \end{cases}$$

を条件付き極値をとり得る点の条件としよう．またこれを満たす実数 λ を**ラグランジュの未定乗数**という．

この条件を用いて極値をとり得る点を見つける方法を**ラグランジュの未定乗数法**という．

A

48　3 つの正数 x,y,z の和が一定値 $3a$ であるとき，積 xyz の最大値を求めよ．

教 例題 5.12

49　関数 $f(x,y)=\sin x+\sin y+\sin(x+y)$　$\left(0 \leqq x \leqq \dfrac{\pi}{2},\ 0 \leqq y \leqq \dfrac{\pi}{2}\right)$ の最大値を求めよ．

教 例題 5.13

50　次の $f(x,y)$，$g(x,y)$ に対して，条件 $g(x,y)=0$ の下で $f(x,y)$ の極値をとり得る点の候補を求めよ．

教 問 5.14

(1)　$f(x,y)=x,$　　$g(x,y)=x^2-xy+y^2-y$

(2)　$f(x,y)=x^2+y^2,$　　$g(x,y)=x+2y-1$

(3)　$f(x,y)=xy,$　　$g(x,y)=x^2+y^2-4$

(4)　$f(x,y)=(x+y)^2,$　　$g(x,y)=xy-1$

(5)　$f(x,y)=x^2-3xy+y^2,$　　$g(x,y)=x^2+y^2-1$

(6)　$f(x,y)=x+3y,$　　$g(x,y)=\sqrt{x}+\sqrt{y}-1$　$(x \geqq 0, y \geqq 0)$

51 次の条件の下で $f(x,y)$ の最大値・最小値を求めよ. ◀教問 5.15

(1) 条件：$x^3-3xy+y^3=0$（ただし，$x \geqq 0,\ y \geqq 0$），$f(x,y)=x^2+y^2$

(2) 条件：$x^2+xy+y^2=3$，　$f(x,y)=x^2+y^2$

(3) 条件：$2x^2+4y^2=1$，　$f(x,y)=x-y$

B

例題 5.8 関数

$$f(x,y)=\frac{1}{2}x^2-x+y^2$$

の閉集合 $D=\{(x,y)\,|\,x^2+y^2 \leqq 4\}$ における最大値・最小値を求めよ.

解く前に 集合の内部 $x^2+y^2<4$ における最大値・最小値と境界 $x^2+y^2=4$ における最大値・最小値を比較する.

解 まず D の内部における極値を求めよう. $f_x(x,y)=f_y(x,y)=0$ より，$(x,y)=(1,0)$ を得る. このとき

$$H(1,0)=2>0, \quad f_{xx}(1,0)>0$$

より点 $(1,0)$ で極小値 $f(1,0)=-\dfrac{1}{2}$ をとる.

次に D の境界での値を調べよう. $g(x,y)=x^2+y^2-4$ とおく. ラグランジュの未定定数法より，極値をとり得る点を調べる.

$$\begin{cases} f_x-\lambda g_x=(1-2\lambda)x-1=0 & \cdots①\\ f_y-\lambda g_y=2(1-\lambda)y=0 & \cdots②\\ g=x^2+y^2-4=0 & \cdots③ \end{cases}$$

より②から $y=0,\lambda=1$ がわかる. $y=0$ のとき，③から $x=\pm 2$ を得る. 一方，$\lambda=1$ のとき，①より $x=-1$ となり，③に代入して $y=\pm\sqrt{3}$ を得る. よって極値をとり得る点は $(\pm 2,0),(-1,\pm\sqrt{3})$ となる. これらの点において

$$f(2,0)=0, \quad f(-2,0)=4, \quad f(-1,\pm\sqrt{3})=\frac{9}{2}$$

となることから内部の極小値と比較して，最小値は $-\dfrac{1}{2}$，最大値は $\dfrac{9}{2}$ となる. ■

52　閉集合 $D=\{(x,y)\mid x^2+4y^2 \leqq 16\}$ における次の関数の最大値・最小値を求めよ．

(1)　$f(x,y)=xy$　　(2)　$f(x,y)=3x+y$　　(3)　$f(x,y)=x^2+y^2$

53　3 辺の長さが一定である三角形の中で，面積が最大となるものを求めよ．

解く前に　三角形の 3 辺が与えられたとき，その面積はヘロンの公式を使って求めることができる．

54　楕円体 $\dfrac{x^2}{a^2}+\dfrac{y^2}{b^2}+\dfrac{z^2}{c^2}=1$ に内接する直方体で体積が最大となるものを求めよ．ただし，a, b, c は定数とする．

解く前に　内接する直方体の頂点の座標を (x,y,z) とする．ただし $x \geqq 0$, $y \geqq 0$, $z \geqq 0$ とする． $z=c\sqrt{1-\dfrac{x^2}{a^2}-\dfrac{y^2}{b^2}}$ より， 体積 V は $V=8xyz=8cxy\sqrt{1-\dfrac{x^2}{a^2}-\dfrac{y^2}{b^2}}$ （$=f(x,y)$ とおく）で与えられる．閉集合 $D=\left\{(x,y)\,\middle|\,\dfrac{x^2}{a^2}+\dfrac{y^2}{b^2} \leqq 1,\ x \geqq 0,\ y \geqq 0\right\}$ における $f(x,y)$ の最大値を考えればよい．

55　$x^2+y^2+z^2=1$ という条件の下で，$f(x,y,z)=xyz$ の最大値・最小値を求めよ．

56　$2x+4y+z=1$ という条件の下で，$f(x,y)=x^2+y^2+z^2$ の最小値を求めよ．

57　点 $(1,2)$ を通る直線のうち原点からの距離が最大のものを求めよ．

58　点 (α,β) から直線 $ax+by+c=0$ までの最短距離が $\dfrac{|a\alpha+b\beta+c|}{\sqrt{a^2+b^2}}$ で与えられることを示せ．ただし，α, β, a, b, c は定数とする．

解く前に　点 (x,y) から点 (α,β) までの距離の 2 乗を $f(x,y)=(x-\alpha)^2+(y-\beta)^2$ とおき，$g(x,y)=ax+by+c=0$ の条件のもとで，最小値を求めればよい．

5.9 包絡線（偏微分の応用）

包絡線の方程式 α を媒介変数とする曲線 $C_\alpha : f(x, y, \alpha) = 0$ の集合 $\{C_\alpha\}$ を**曲線群**という．この曲線群に属するある曲線 C_α と C の接線が一致するとき，この曲線 C を**包絡線**という．包絡線の方程式を求めるには

$$\begin{cases} f(x, y, \alpha) &= 0 \\ f_\alpha(x, y, \alpha) &= 0 \end{cases}$$

を連立して α を消去すればよい．

A

59 次の α を媒介変数とする曲線群の包絡線の方程式を求めよ． ◀教問 5.16

(1) $\alpha^2 y - \alpha x - 1 = 0$

(2) $y = \alpha x^2 + \dfrac{1}{\alpha}$

(3) $x \cos\alpha + y \sin\alpha = 1$

(4) $y^4 + (x - \alpha)^2 - y^2 = 0$

B

例題 5.9 図のように地上の 1 点からその点を通る鉛直面内において，水平線からの角度 θ を変えながら一定速度 v_0 で打ち出されたボールの軌道の包絡線を求めよ．ただし，$0 \leqq \theta < \dfrac{\pi}{2}$，重力加速度を g とし，ボールはいくらでも下に落ちるものとする．

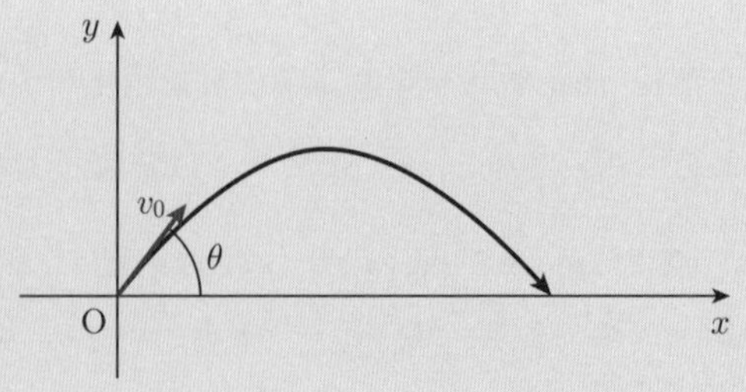

解 t 秒後の位置は

$$(x,y)=\left((v_0\cos\theta)t,\ -\frac{g}{2}t^2+(v_0\sin\theta)t\right)$$

より，t を消去して

$$y=-\frac{gx^2}{2v_0^2\cos^2\theta}+(\tan\theta)x \qquad \cdots①$$

となる．θ で微分して

$$0=-\frac{gx^2\sin\theta}{v_0^2\cos^3\theta}+\frac{x}{\cos^2\theta}$$

より，$\tan\theta=\dfrac{v_0^2}{gx}$ を得る．これを①に代入すると包絡線の方程式

$$y=-\frac{g}{2v_0^2}x^2+\frac{v_0^2}{2g} \quad (x\geqq 0)$$

を得る． ■

---

60 両端が x, y 軸上にあり，長さが一定な線分群の包絡線の方程式を求めよ．

解く前に 両端 $(\alpha,0)$ と $(0,\beta)$ を通る直線は，$\dfrac{x}{\alpha}+\dfrac{y}{\beta}=1$ であり，この 2 点を結ぶ線分の長さは $\sqrt{\alpha^2+\beta^2}$ である．

61 長軸と短軸の長さの和が一定である楕円群の包絡線の方程式を求めよ．

解く前に 長軸 $2a$，短軸 $2b$，その和を $2l$ とするとき $a+b=l$ で楕円群は $\dfrac{x^2}{a^2}+\dfrac{y^2}{b^2}=1$ となる．

62 円 $x^2+y^2=4$ の y 軸に垂直な弦を直径とする円からなる曲線群の包絡線の方程式を求めよ．

C 発展問題

63 $f(x,y)=\displaystyle\int_0^{\frac{y^2}{x}} e^{-t}dt$ とおく．$\dfrac{\partial f}{\partial x}$, $\dfrac{\partial f}{\partial y}$, $\dfrac{\partial^2 f}{\partial y \partial x}$ を求めよ．（愛媛大学）

64 関数 $f(x,y)=\begin{cases} \dfrac{xy(x^2-y^2)}{x^2+y^2} & ((x,y)\neq(0,0)) \\ 0 & ((x,y)=(0,0)) \end{cases}$ に対して，原点 $(0,0)$ における第2次偏微分係数 $f_{xx}(0,0)$, $f_{xy}(0,0)$, $f_{yx}(0,0)$, $f_{yy}(0,0)$ を求めよ．（富山大学）

65 関数 $f(x,y)=y(e^x-e^{-y})$ について，次の問いに答えよ．（岐阜大学）

(1) 偏導関数 $\dfrac{\partial f}{\partial y}$ を求めよ．

(2) 第10次の偏導関数 $\dfrac{\partial^{10} f}{\partial y^{10}}$ を求めよ．

66 xy 平面上で定義された関数 $f=f(x,y)$ は正値（すべての点 (x,y) に対し $f(x,y)>0$ を満たす）で2回偏微分可能であり

$$f\frac{\partial^2 f}{\partial x \partial y}=\frac{\partial f}{\partial x}\frac{\partial f}{\partial y} \qquad \cdots ①$$

を満たすものとする．また $g(x,y)=\log(f(x,y))$ とおく．（埼玉大学）

(1) $\dfrac{\partial^2 g}{\partial x \partial y}$ が満たす式を，f を用いずに表せ．

(2) $\varphi(x)\psi(y)$ の形の関数を**変数分離型関数**とよぶ．φ と ψ が正値で2回微分可能な関数であるならば，$f(x,y)=\varphi(x)\psi(y)$ は上の条件①を満たすことを示せ．

(3) 上の条件①を満たす関数 f は変数分離型関数であることを示せ．

67 次の2変数関数の第1次偏導関数，第2次偏導関数をすべて求めよ．

$$f(x,y)=x^{\frac{1}{y}}$$

（類題 新潟大学）

68 次の関数の極値を求めよ．（(1)：電気通信大学，(3)：類題：名古屋工業大学）

(1) $f(x,y)=(x^2+y^2)^2-2(x^2-y^2)$

(2) $f(x,y)=2y\sqrt{x}-3y^2+8y-x$

(3) $f(x,y)=x^4+4x^2y^2+y^4-4y^2$

69 関数 $f(x,y) = 3x^2 - 4xy + 3y^2 + 2$ について次の問いに答えよ．

(1) $f(x,y)$ の極値を求めよ．

(2) $x^2 + y^2 = 1$ の下で $f(x,y)$ の極値を求めよ．

(3) $x^2 + y^2 \leqq 1$ で $f(x,y)$ の最大値および最小値を求めよ．

70 $\dfrac{x^2}{4} + y^2 \leqq 1$ の範囲で x, y が動くとき，関数

$$z = x + y + \sqrt{1 - \frac{x^2}{4} - y^2}$$

の最大値および最小値を求めよ． （長岡技術科学大学）

71 2 変数関数 $f(x,y) = x^3 - 3x(1+y^2)$ について極値をもたないことを示せ．また閉集合 $D = \{(x,y) \in \mathbb{R}^2 \mid x^2 + y^2 \leqq 1\}$ の上での最大値を求めよ． （東京工業大学）

72 関数 $f(x,y) = 3x^2 + 2y^3 - 6xy - 3$ について，次の問いに答えよ．

（類題　東京農工大学）

(1) $f(x,y)$ の極値を求めよ．

(2) $f(x,y) = 0$ を表す曲線 C 上の点 $(1, \sqrt{3})$ における C の接線の方程式を求めよ．

73 $f(x,y) = \sqrt{x^2 + y^2} - 2\sqrt{x+y} + \sqrt{2}$ とすると，この関数は $0 < x, y < \infty$ において下に凸である．$f(x,y)$ が最小値をとるときの x, y の値，および関数の最小値を求めよ． （類題　筑波大学）

74 x, y の 2 変数関数 $f(x,y) = \alpha x^2 + 2xy + 2y^2 + 2x + 4y$ について次の問いに答えよ．ただし α は定数で $\alpha \neq \dfrac{1}{2}$ とする． （類題　宮崎大学）

(1) 関数 $f(x,y)$ の第 2 次までの偏導関数 $\dfrac{\partial f}{\partial x}$, $\dfrac{\partial f}{\partial y}$, $\dfrac{\partial^2 f}{\partial x^2}$, $\dfrac{\partial^2 f}{\partial x \partial y}$, $\dfrac{\partial^2 f}{\partial y^2}$ をすべて求めよ．

(2) 関数 $f(x,y)$ が極値をもつための α の条件を示し，その場合の極値と，この極値が極大値あるいは極小値のどちらであるか答えよ．

6 重積分

6.1 重積分

長方形領域における 2 重積分　$D=\{(x,y)\,|\,a \leqq x \leqq b,\ c \leqq y \leqq d\}$ と D 上の連続関数 $f(x,y)$ に対し

$$\iint_D f(x,y)\,dxdy=\lim_{|\Delta|\to 0}\sum_{i=1}^{m}\sum_{j=1}^{n} f(\mathrm{P}_{ij})\Delta x_i \Delta y_j$$

長方形領域における累次積分

$$\iint_D f(x,y)\,dxdy=\int_a^b\left\{\int_c^d f(x,y)\,dy\right\}dx=\int_c^d\left\{\int_a^b f(x,y)\,dx\right\}dy$$

有界な閉領域　D 上の連続関数 $f(x,y) \geqq 0$ に対し，$\iint_D f(x,y)\,dxdy$ は曲面 $z=f(x,y)$ と D により上下から挟まれてできる立体の体積を表す．

一般領域における 2 重積分の性質

(1)　$\iint_D \{f(x,y)\pm g(x,y)\}\,dxdy=\iint_D f(x,y)\,dxdy \pm \iint_D g(x,y)\,dxdy$

（複号同順）

(2)　実数 k に対し，$\iint_D kf(x,y)\,dxdy=k\iint_D f(x,y)\,dxdy$

(3)　$f(x,y) \geqq 0$ ならば，$\iint_D f(x,y)\,dxdy \geqq 0$

(4)　領域 D を 2 つの領域 D_1 と D_2 にわけると

$$\iint_D f(x,y)\,dxdy=\iint_{D_1} f(x,y)\,dxdy+\iint_{D_2} f(x,y)\,dxdy$$

一般領域における累次積分

x の範囲　x を固定したときの y の範囲

(1)　$D=\{(x,y)\mid a \leqq x \leqq b,\ g_1(x) \leqq y \leqq g_2(x)\}$ に対し

$$\iint_D f(x,y)\,dxdy$$

$$=\int_a^b \left\{\int_{g_1(x)}^{g_2(x)} f(x,y)\,dy\right\} dx$$

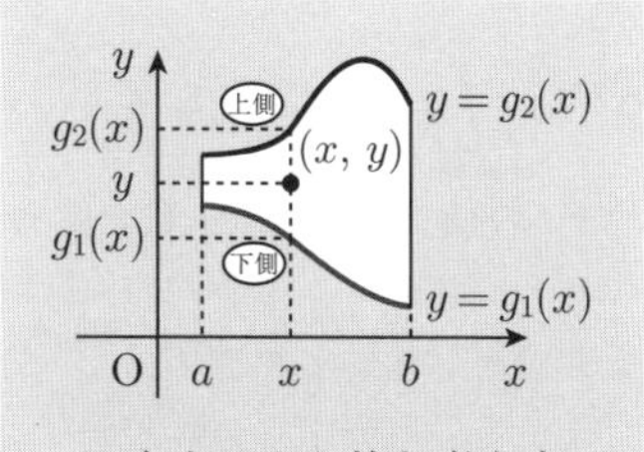

D を上下から挟む考え方

y の範囲　y を固定したときの x の範囲

(2)　$D=\{(x,y)\mid c \leqq y \leqq d,\ h_1(y) \leqq x \leqq h_2(y)\}$ に対し

$$\iint_D f(x,y)\,dxdy$$

$$=\int_c^d \left\{\int_{h_1(y)}^{h_2(y)} f(x,y)\,dx\right\} dy$$

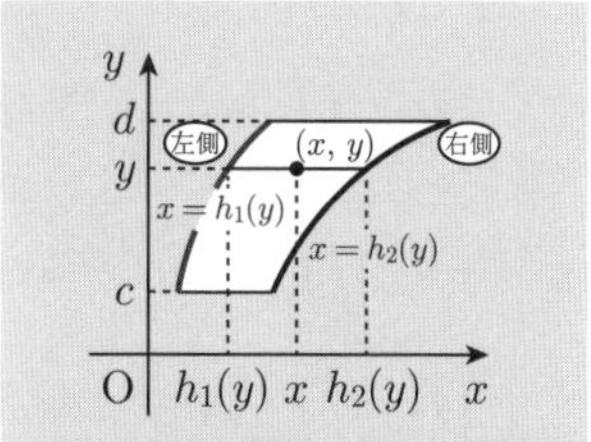

D を左右から挟む考え方

D の図 ⟷(対応) D を表す不等式 ⟷(対応) 累次積分の下端と上端

$y=f(x)$ のグラフに対し，$y<f(x)$：グラフの下側，$y>f(x)$：グラフの上側

$x=g(y)$ のグラフに対し，$x<g(y)$：グラフの左側，$x>g(y)$：グラフの右側

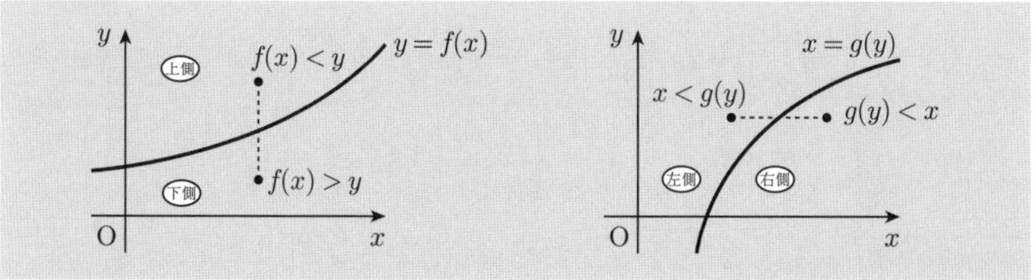

A

1 次の累次積分の値を求めよ． ◀教問 6.2

(1) $\displaystyle\int_2^4 \left\{ \int_1^2 (2x^2 + 6y)\, dy \right\} dx$　　(2) $\displaystyle\int_0^1 \left\{ \int_1^2 (x^2 - xy)\, dx \right\} dy$

2 $\displaystyle\iint_D (x^2 + y^2)\, dxdy,\quad D = \{(x, y) \mid 0 \leqq x \leqq 2,\ 0 \leqq y \leqq 3\}$

の値を2通りの累次積分の形の計算で求めよ． ◀教問 6.1, 6.2

(1) $\displaystyle\int_a^b \left\{ \int_c^d f(x, y)\, dy \right\} dx$ の形で

(2) $\displaystyle\int_p^q \left\{ \int_r^s f(x, y)\, dx \right\} dy$ の形で

3 次の2重積分の値を求めよ． ◀教問 6.2

(1) $\displaystyle\iint_D (x + y + 1)\, dxdy,\quad D = \{(x, y) \mid 0 \leqq x \leqq 1,\ 0 \leqq y \leqq 1\}$

(2) $\displaystyle\iint_D (x^3 - y^2)\, dxdy,\quad D = \{(x, y) \mid 1 \leqq x \leqq 2,\ 3 \leqq y \leqq 4\}$

(3) $\displaystyle\iint_D e^x y^3\, dxdy,\quad D = \{(x, y) \mid 0 \leqq x \leqq 1,\ 0 \leqq y \leqq 2\}$

(4) $\displaystyle\iint_D \sqrt{x + y}\, dxdy\ ,\quad D = \{(x, y) \mid 0 \leqq x \leqq 1,\ 0 \leqq y \leqq 1\}$

(5) $\displaystyle\iint_D \cos(x - y)\, dxdy,\quad D = \left\{(x, y) \,\middle|\, 0 \leqq x \leqq \frac{\pi}{2},\ 0 \leqq y \leqq \frac{\pi}{2}\right\}$

4 半球 $\{(x, y, z) \mid x^2 + y^2 + z^2 \leqq a^2,\ z \geqq 0\}$ の体積を2重積分の式で表せ．ここに $a > 0$ とする． ◀教問 6.3

5 次の2重積分の値を求めよ．積分領域も図示せよ． ◀教問 6.4

(1) $\displaystyle\int_0^1 \left\{ \int_{x^2}^x (x + 2y)\, dy \right\} dx$　　(2) $\displaystyle\int_1^2 \left\{ \int_{y-1}^{y+1} (2x + y)\, dx \right\} dy$

(3) $\displaystyle\iint_D \frac{x}{y}\, dxdy,\quad D = \left\{(x, y) \,\middle|\, 1 \leqq x \leqq 2,\ \frac{1}{2}x \leqq y \leqq x\right\}$

(4) $\displaystyle\iint_D \frac{1}{x^2 + y^2}\, dxdy,\quad D = \{(x, y) \mid 1 \leqq x \leqq 2,\ 0 \leqq y \leqq x\}$

(5)　$\displaystyle\iint_D (x+y)^2\,dxdy,\quad D=\{(x,y)\,|\,0\leqq y\leqq 1,\ -y\leqq x\leqq 3y\}$

(6)　$\displaystyle\iint_D \cos x\,dxdy,\qquad D=\left\{(x,y)\,\middle|\,0\leqq y\leqq \pi,\ \frac{\pi}{2}-y\leqq x\leqq \pi+y\right\}$

6　$D=\{(x,y)\,|\,x\geqq 0,\ y\geqq 0,\ 2x+y\leqq 2\}$ のとき，次の等式を満たすような数または式 L, M を求めよ．　教問 6.5

$$\iint_D f(x,y)\,dxdy=\int_0^L\left\{\int_0^M f(x,y)\,dy\right\}dx$$

解く前に　まずは正確に領域 D の図をかこう．

7　次の 2 重積分の値を求めよ．積分領域も図示せよ．　教問 6.5

(1)　$\displaystyle\iint_D (x^2-y^2)\,dxdy,\quad D=\{(x,y)\,|\,0\leqq y\leqq x\leqq 1\}$

(2)　$\displaystyle\iint_D x\,dxdy,\quad D=\{(x,y)\,|\,(x-2)^2\leqq y\leqq x\}$

(3)　$\displaystyle\iint_D dxdy,\qquad D=\{(x,y)\,|\,y\leqq 3x,\ x\leqq y,\ x+y\leqq 4\}$

8　連続関数 $f(x,y)$ に関する次の累次積分の積分順序を変更せよ．積分領域も図示せよ．　教問 6.6

(1)　$\displaystyle\int_0^1\left\{\int_{x^2}^{x} f(x,y)\,dy\right\}dx$　　(2)　$\displaystyle\int_1^2\left\{\int_1^{x^2} f(x,y)\,dy\right\}dx$

(3)　$\displaystyle\int_1^2\left\{\int_0^{\log x} f(x,y)\,dy\right\}dx$　　(4)　$\displaystyle\int_0^1\left\{\int_{-x}^{3x} f(x,y)\,dy\right\}dx$

(5)　$\displaystyle\int_0^4\left\{\int_0^{\sqrt{y}} f(x,y)\,dx\right\}dy$　　(6)　$\displaystyle\int_0^1\left\{\int_{\frac{y}{3}}^{y} f(x,y)\,dx\right\}dy$

9　次の累次積分の値を，積分順序を変更することにより求めよ．　教問 6.7

(1)　$\displaystyle\int_0^1\left\{\int_x^1 e^{-\frac{1}{2}y^2}\,dy\right\}dx$

(2)　$\displaystyle\int_0^1\left\{\int_y^{\sqrt{y}} e^{\frac{3y}{x}}\,dx\right\}dy$

B

例題 6.1　次の 2 重積分の値を求めよ．

$\displaystyle\iint_D (x+4)\,dxdy$,　D は直線 $y=-x$ と曲線 $y=x^2$ で囲まれた部分

解　領域 D は図のようになる．点 P の座標を求めるため $x^2=-x$ を解いて $x=0,-1$ となる．$x<0$ より

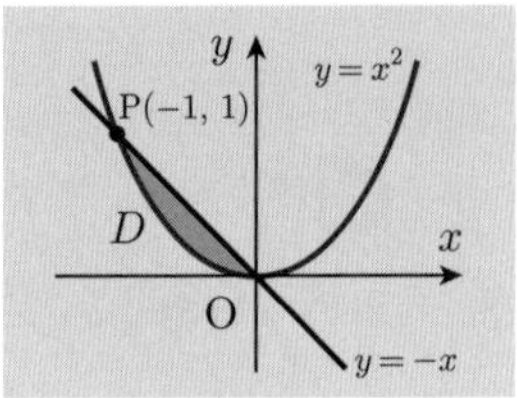

$$x=-1,\quad y=-x=1$$

ゆえに P$(-1,1)$

$D=\{(x,y)\,|\,-1\leqq x\leqq 0,\ x^2\leqq y\leqq -x\}$

$$\begin{aligned}\iint_D (x+4)\,dxdy &= \int_{-1}^{0}\left\{\int_{x^2}^{-x}(x+4)\,dy\right\}dx\\ &= \int_{-1}^{0}(x+4)\Big[y\Big]_{x^2}^{-x}dx\\ &= \int_{-1}^{0}(-x^3-5x^2-4x)\,dx=\frac{7}{12}\end{aligned}$$

■

例題 6.2　2 重積分の定義にしたがって区分求積法により，次の $\displaystyle\iint_D f(x,y)\,dxdy$ を求めよ．

$f(x,y)=x+y+1,\quad D=\{(x,y)\,|\,0\leqq x\leqq 2,\ 0\leqq y\leqq 1\}$

解　x 軸上の区間 $[0,1]$ を m 等分し，$0=x_0<x_1<\cdots<x_m=2, x_i=\dfrac{2i}{m}$

y 軸上の区間 $[0,1]$ を n 等分し，$0=y_0<y_1<\cdots<y_n=1,\ y_j=\dfrac{j}{n}$

とする．これをもとに D を mn 個の長方形に分割し，このうち左から i 番目で下から j 番目の長方形を D_{ij} とおく．

$$D=\{(x,y)\,|\,x_{i-1}\leqq x\leqq x_i,\ y_{j-1}\leqq y\leqq y_j\}$$

横の長さは $\Delta x_i = \dfrac{2}{m}$ で，縦の長さは $\Delta y_j = \dfrac{1}{n}$，また D_{ij} の点 P_{ij} として (x_i, y_j) をとる．

$$\iint_D f(x,y)\,dxdy = \lim_{|\Delta|\to 0}\sum_{i=1}^{m}\sum_{j=1}^{n} f(\mathrm{P}_{ij})\Delta x_i \Delta y_j$$

$$= \lim_{\substack{m\to\infty\\ n\to\infty}}\sum_{i=1}^{m}\sum_{j=1}^{n}(x_i + y_j + 1)\Delta x_i \Delta y_j$$

$$= \lim_{\substack{m\to\infty\\ n\to\infty}}\sum_{i=1}^{m}\sum_{j=1}^{n}\left(\frac{2i}{m} + \frac{j}{n} + 1\right)\frac{2}{m}\frac{1}{n}$$

$$= \lim_{\substack{m\to\infty\\ n\to\infty}}\frac{2}{mn}\left(\frac{2}{m}\sum_{i=1}^{m}\sum_{j=1}^{n} i + \frac{1}{n}\sum_{i=1}^{m}\sum_{j=1}^{n} j + \sum_{i=1}^{m}\sum_{j=1}^{n} 1\right)$$

$\left(1 + 2 + \cdots + n = \dfrac{n(n+1)}{2}\text{ を用いる}\right)$

$$= \lim_{\substack{m\to\infty\\ n\to\infty}}\frac{2}{mn}\left\{\frac{2}{m}\sum_{i=1}^{m} ni + \frac{1}{n}\sum_{i=1}^{m}\frac{n(n+1)}{2} + \sum_{i=1}^{m} n\right\}$$

$$= \lim_{\substack{m\to\infty\\ n\to\infty}}\frac{2}{mn}\left\{\frac{2}{m}\cdot n\sum_{i=1}^{m} i + \frac{1}{n}\frac{n(n+1)}{2}\sum_{i=1}^{m} 1 + n\sum_{i=1}^{m} 1\right\}$$

$$= \lim_{\substack{m\to\infty\\ n\to\infty}}\frac{2}{mn}\left\{\frac{2}{m}\cdot n\frac{m(m+1)}{2} + \frac{1}{n}\frac{n(n+1)}{2}m + nm\right\}$$

$$= \lim_{\substack{m\to\infty\\ n\to\infty}}\left\{\frac{2(m+1)}{m} + \frac{n+1}{n} + 2\right\}$$

$$= 2 + 1 + 2 = 5$$

■

---

10 次の立体の体積を，2 重積分を用いて表せ（体積は求めなくてもよい）．

(1) 曲面 $z = f(x,y)$，平面 $x + y = 1$ および 3 つの座標平面で囲まれた立体（ただし $f(x,y) \geqq 0$ は連続関数）

(2) 点 $(0, 0, -1)$ を中心とする半径 2 の球の内部で，xy 平面の上側にある部分

11 次の 2 重積分の値を求めよ．積分領域も図示せよ．

（(4)：名古屋大学，(5)：茨城大学）

(1) $\displaystyle\iint_D \sin(x+y)\,dxdy,\quad D=\left\{(x,y)\,\middle|\, x \leqq 0,\ y \leqq 0,\ x+y \geqq -\frac{\pi}{2}\right\}$

(2) $\displaystyle\iint_D (2x+y)\,dxdy,\quad D=\left\{(x,y)\,\middle|\, x^2+y^2 \leqq 1,\ -\frac{1}{2} \leqq x\right\}$

(3) $\displaystyle\iint_D (x^2-y)\,dxdy,$　D は x 軸と曲線 $y=x^3-x$ で囲まれた部分

(4) $\displaystyle\iint_D \sqrt{x}\,dxdy,\quad D=\{(x,y)\mid x^2+y^2 \leqq x\}$

(5) $\displaystyle\iint_D xy\,dxdy,\quad D=\left\{(x,y)\,\middle|\, \frac{x^2}{4}+\frac{y^2}{9} \leqq 1,\ x \geqq 0,\ y \geqq 0\right\}$

12 次の問いに答えよ．

(1) 2 重積分について次の等式が成り立つような数または式 A, B を求めよ．

$$\int_0^{\sqrt{2}}\left\{\int_{y^2}^{2} f(x,y)\,dx\right\}dy=\int_0^{A}\left\{\int_0^{B} f(x,y)\,dy\right\}dx$$

(2) 領域 D を図の領域（灰色部）とするとき，2 重積分 $I=\displaystyle\iint_D f(x,y)\,dxdy$ を累次積分で表すと

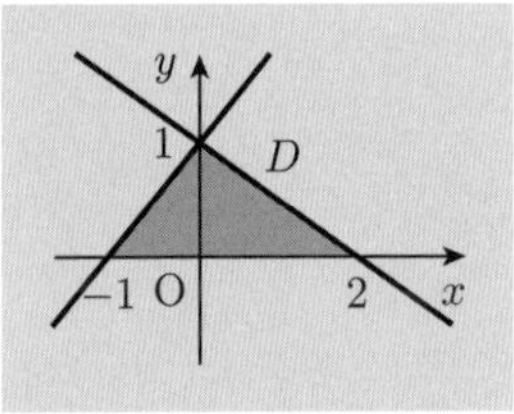

$$I=\int_{-1}^{0}\left\{\int_0^{A} f(x,y)\,dy\right\}dx+\int_0^{2}\left\{\int_0^{B} f(x,y)\,dy\right\}dx$$

また $I=\displaystyle\int_0^{1}\left\{\int_C^{D} f(x,y)\,dx\right\}dy$ と表せる．A, B, C, D にあてはまるような数または式を求めよ．

13 連続関数 $f(x,y)$ に関する次の累次積分の積分領域を図示し，積分順序を変更せよ．

(1) $\displaystyle\int_{-1}^{1}\left\{\int_{0}^{1-x^2} f(x,y)\,dy\right\}dx$

(2) $\displaystyle\int_{0}^{a}\left\{\int_{px}^{qx} f(x,y)\,dy\right\}dx \quad (0<a,\ 0<p<q)$

(3) $\displaystyle\int_{0}^{1}\left\{\int_{x^2}^{2x} f(x,y)\,dy\right\}dx$　　(4) $\displaystyle\int_{0}^{1}\left\{\int_{y^2}^{4-3y} f(x,y)\,dx\right\}dy$

(5) $\displaystyle\int_{-1}^{0}\left\{\int_{x}^{x+3} f(x,y)\,dy\right\}dx$　　(6) $\displaystyle\int_{-1}^{0}\left\{\int_{x^2}^{3x+4} f(x,y)\,dy\right\}dx$

14 次の累次積分の値を，積分順序を変更することにより求めよ．

(1) $\displaystyle\int_{0}^{\sqrt{\pi}}\left\{\int_{x}^{\sqrt{\pi}} y^2\cos(xy-y^2)\,dy\right\}dx$

(2) $\displaystyle\int_{0}^{1}\left\{\int_{y}^{1}\frac{dx}{1+x^2}\right\}dy$

15 関数 $f(t)$ が区間 $[0,a]$ で連続のとき，任意の自然数 n に対し，次の等式が成り立つことを示せ．

(1) $\displaystyle\int_{0}^{a}\left\{\int_{0}^{y}(y-x)^n f(x)\,dx\right\}dy=\frac{1}{n+1}\int_{0}^{a}(a-t)^{n+1}f(t)\,dt$

(2) $\displaystyle\int_{0}^{a}(a-x)^n\left\{\int_{a-x}^{a} f(y)\,dy\right\}dx=\frac{1}{n+1}\int_{0}^{a}t^{n+1}f(t)\,dt$

16 区分求積法により，次の $\displaystyle\iint_D f(x,y)\,dxdy$ を求めよ．

$$f(x,y)=ax+by+c \quad (a,b,c\ \text{は定数})$$

$$D=\{(x,y)\mid 0\leqq x\leqq 1,\ 0\leqq y\leqq 2\}$$

6.2 重積分の変数変換

線形変換による重積分 線形変換 $\begin{cases} x = au + bv \\ y = cu + dv \end{cases}$ $(ad - bc \neq 0)$ によって uv 平面上の領域 D' が xy 平面上の領域 D にうつるならば

$$\iint_D f(x, y)\, dxdy = \iint_{D'} f(au + bv, cu + dv)|ad - bc|\, dudv$$

が成立する.

一般の変数変換による重積分 変換 $\begin{cases} x = \varphi(u, v) \\ y = \psi(u, v) \end{cases}$ によって uv 平面上の領域 D' が xy 平面上の領域 D に 1 対 1 にうつるならば

$$\iint_D f(x, y)\, dxdy = \iint_{D'} f(\varphi(u, v), \psi(u, v)) \left| \frac{\partial(x, y)}{\partial(u, v)} \right| dudv$$

ただし $\dfrac{\partial(x, y)}{\partial(u, v)} = \det \begin{pmatrix} x_u & x_v \\ y_u & y_v \end{pmatrix}$

が成立する.

極座標変換による重積分 極座標変換 $\begin{cases} x = r\cos\theta \\ y = r\sin\theta \end{cases}$ によって $r\theta$ 平面上の領域 D' が xy 平面上の領域 D に 1 対 1 にうつるならば

$$\iint_D f(x, y)\, dxdy = \iint_{D'} f(r\cos\theta, r\sin\theta) r\, drd\theta$$

が成立する.

A

17　次の重積分の値を求めよ．また領域 D を図示せよ．ただし $a>0, b>0$ とする．　((5)：静岡大学)　◀教問 **6.9, 6.10**

(1)　$\displaystyle\iint_D (x^2+y^2)^2\,dxdy,\quad D=\{(x,y)\mid x^2+y^2 \leqq 1\}$

(2)　$\displaystyle\iint_D \frac{1}{(x^2+y^2)^3}\,dxdy,\quad D=\{(x,y)\mid 1 \leqq x^2+y^2 \leqq 2\}$

(3)　$\displaystyle\iint_D (x^2+y^2)\,dxdy,\quad D=\left\{(x,y)\,\middle|\,\frac{x^2}{a^2}+\frac{y^2}{b^2} \leqq 1\right\}$

(4)　$\displaystyle\iint_D (x-y)^3(x+2y)^3\,dxdy,$

$$D=\{(x,y)\mid 2 \leqq x+2y \leqq 4, 0 \leqq x-y \leqq 1\}$$

(5)　$\displaystyle\iint_D \sqrt{9-x^2-y^2}\,dxdy,\quad D=\{(x,y)\mid 4 \leqq x^2+y^2 \leqq 9,\ y \geqq x\}$

18　$D=\{(x,y)\mid y \geqq 0,\ x^2+y^2 \leqq 4\}$ とする．重積分 $\displaystyle\iint_D \sqrt{x^2+y^2}\,dxdy$ を極座標 $x=r\cos\theta,\ y=r\sin\theta$ によって変数変換した式はどれか．次の①～⑧のうちから1つ選べ．　◀教問 **6.10**

①　$\displaystyle\int_0^2 \left\{\int_0^{\pi} r\,d\theta\right\} dr$　　②　$\displaystyle\int_0^2 \left\{\int_0^{2\pi} r\,d\theta\right\} dr$

③　$\displaystyle\int_0^2 \left\{\int_0^{\pi} r^2\,d\theta\right\} dr$　　④　$\displaystyle\int_0^2 \left\{\int_0^{2\pi} r^2\,d\theta\right\} dr$

⑤　$\displaystyle\int_0^4 \left\{\int_0^{\pi} r\,d\theta\right\} dr$　　⑥　$\displaystyle\int_0^4 \left\{\int_0^{2\pi} r\,d\theta\right\} dr$

⑦　$\displaystyle\int_0^4 \left\{\int_0^{\pi} r^2\,d\theta\right\} dr$　　⑧　$\displaystyle\int_0^4 \left\{\int_0^{2\pi} r^2\,d\theta\right\} dr$

B

例題 6.3 次の重積分の値を求めよ．

$$\iint_D dxdy, \quad D = \{(x, y) \mid x^2 + y^2 \leqq 2y\}$$

解く前に 不等式 $x^2 + y^2 \leqq 2y$ を極座標で表すと $r^2 \leqq 2r\sin\theta$ となる．

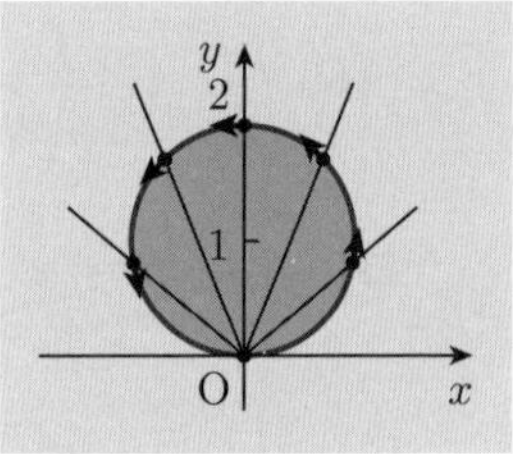

これより r は $0 \leqq r \leqq 2\sin\theta$ とわかるが，θ は図より $0 \leqq \theta \leqq \pi$ となる．

解 極座標を用いると

$$\iint_D dxdy = \int_0^{\pi} \left\{ \int_0^{2\sin\theta} r\,dr \right\} d\theta$$

$$= \int_0^{\pi} \left[\frac{r^2}{2} \right]_{r=0}^{r=2\sin\theta} d\theta = 2\int_0^{\pi} \sin^2\theta\,d\theta$$

$$= 4\int_0^{\frac{\pi}{2}} \sin^2\theta\,d\theta = 4\int_0^{\frac{\pi}{2}} \frac{1-\cos 2\theta}{2}\,d\theta$$

$$= 4 \cdot \frac{1}{2}\frac{\pi}{2} = \pi$$

■

例題 6.4 次の重積分の値を求めよ．ただし $a > 0$，$b > 0$ とする．

$$\iint_D dxdy, \quad D = \left\{ (x, y) \,\middle|\, x \geqq 0,\ y \geqq 0,\ \frac{x^2}{a^2} + \frac{y^2}{b^2} \leqq \frac{2x}{a^2} \right\}$$

解く前に 不等式 $\dfrac{x^2}{a^2} + \dfrac{y^2}{b^2} \leqq \dfrac{2x}{a^2}$ は

$$\frac{(x-1)^2}{a^2} + \frac{y^2}{b^2} \leqq \frac{1}{a^2}$$

と変形されるので

$$(x-1)^2 + \frac{y^2}{\left(\frac{b}{a}\right)^2} \leqq 1$$

となり，D は楕円の上半部分であることがわかる．

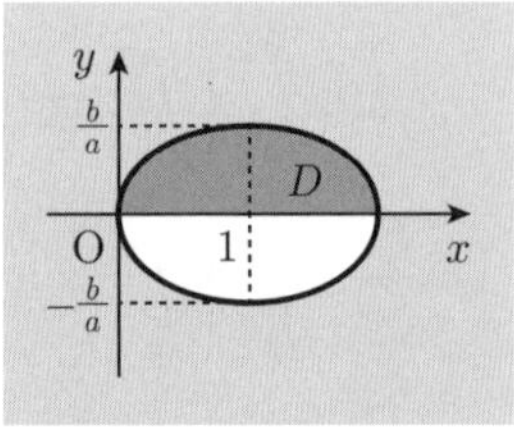

解 $x = ar\cos\theta,\ y = br\sin\theta$ とおくとヤコビアンは abr となる．
このとき D は $0 \leqq r \leqq \dfrac{2}{a}\cos\theta,\ 0 \leqq \theta \leqq \dfrac{\pi}{2}$ と表されるので

$$\iint_D dxdy = \int_0^{\frac{\pi}{2}} \left\{ \int_0^{\frac{2}{a}\cos\theta} abr\,dr \right\} d\theta = ab\int_0^{\frac{\pi}{2}} \left[\frac{r^2}{2} \right]_{r=0}^{r=\frac{2}{a}\cos\theta} d\theta$$

$$= \frac{2b}{a}\int_0^{\frac{\pi}{2}} \cos^2\theta\,d\theta = \frac{2b}{a}\frac{1}{2}\frac{\pi}{2} = \frac{b\pi}{2a}$$ ■

---

19 次の重積分の値を求めよ．また領域 D を図示せよ．

$$\iint_D x^2\,dxdy, \quad D = \{(x,y) \mid x^2 + y^2 \leqq 2x\}$$

20 次の重積分の値を求めよ．また領域 D を図示せよ．

$$\iint_D y^3\,dxdy, \quad D = \{(x,y) \mid x^2 + y^2 \leqq 2y\}$$

21 $D = \{(x,y) \mid x^2 + y^2 \leqq x\}$ とする．$\displaystyle\iint_D \sqrt{x}\,dxdy$ を求めよ．

22 $f(x)$ は $0 \leqq x \leqq 1$ で連続であるとする．
$D = \{(x,y) \mid x \geqq 0,\ y \geqq 0,\ x + y \leqq 1\}$ のとき次の等式を示せ．

$$\iint_D f(x+y)\,dxdy = \int_0^1 xf(x)\,dx$$

23 $D = \left\{ (x,y) \,\middle|\, y \geqq 0,\ \dfrac{x^2}{a^2} + \dfrac{y^2}{b^2} \leqq \dfrac{2x}{a^2} \right\}$ のとき $\displaystyle\iint_D y\,dxdy$ の値を求めよ．
ただし $a > 0, b > 0$ とする． (茨城大学)

24 重積分 $V = \displaystyle\iint_D \frac{1}{x^2+y^2}\,dxdy,\ D = \{(x,y) \,|\, 1 \leqq x \leqq 2,\ 0 \leqq y \leqq \sqrt{3}\,x\}$
について次の問いに答えよ． (神戸大学)

(1) D が変数変換 $x = u,\ y = uv$ によってどのような領域にうつされるかを図示せよ．

(2) (1) の変数変換に対するヤコビアンを求めよ．

(3) V の値を求めよ．

6.3 体 積

体 積 xy 平面上の領域 D において $f(x,y) \geqq 0$ のとき，D と曲面 $z = f(x,y)$ とで上下から挟まれる立体の体積は $\displaystyle\iint_D f(x,y)\,dxdy$ で与えられる．

対称な立体の体積 球 $x^2+y^2+z^2 \leqq a^2$ $(a>0)$ や楕円体 $\dfrac{x^2}{a^2}+\dfrac{y^2}{b^2}+\dfrac{z^2}{c^2} \leqq 1$ $(a>0,\ b>0,\ c>0)$ など各座標平面に対称な立体については，$x \geqq 0,\ y \geqq 0,\ z \geqq 0$ に制限した部分の体積を求めて 8 倍すればよい．

A

25 $a>0,\ b>0$ とする．2 つの曲面 $x^2+y^2=az$，$x^2+y^2=bx$ と xy 平面とで囲まれる立体の体積を求めよ．

◀教問 6.13

解く前に $\displaystyle\iint_D \frac{x^2+y^2}{a}\,dxdy,\ D = \left\{(x,y)\ \middle|\ \left(x-\frac{b}{2}\right)^2+y^2 \leqq \frac{b^2}{4}\right\}$

B

例題 6.5 $z=x^2$，平面 $x+y=1$ および 3 座標平面で囲まれる立体の体積を求めよ．

解 $D = \{(x,y)\,|\,0 \leqq x \leqq 1,\ 0 \leqq y \leqq 1-x\}$ とおくと，体積は

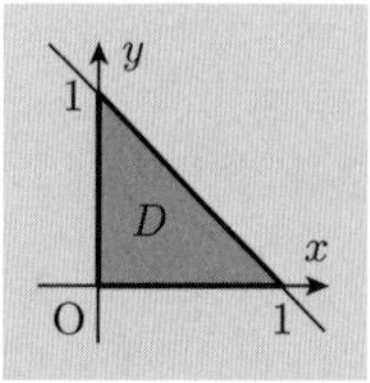

$$\iint_D x^2\,dxdy = \int_0^1 \left\{\int_0^{1-x} x^2\,dy\right\} dx$$

$$= \int_0^1 \Big[x^2y\Big]_{y=0}^{y=1-x} dx = \int_0^1 \{x^2(1-x)\}\,dx$$

$$= \int_0^1 (x^2-x^3)\,dx = \left[\frac{x^3}{3}-\frac{x^4}{4}\right]_0^1 = \frac{1}{12}$$

■

例題 6.6 $0 \leqq z \leqq x^2 + y^2,\ x^2 + y^2 \leqq 1$ で定義される立体の体積を求めよ．

解 $D = \{(x, y) \mid x^2 + y^2 \leqq 1\}$ とすると，体積は

$$V = \iint_D (x^2 + y^2)\, dxdy$$

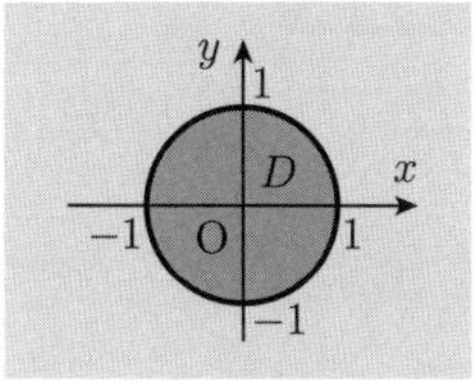

と表される．極座標に変換すると

$$\begin{aligned} V &= \int_0^{2\pi} \left\{ \int_0^1 r^3\, dr \right\} d\theta \\ &= \int_0^{2\pi} \left[\frac{r^4}{4} \right]_{r=0}^{r=1} d\theta \\ &= \int_0^{2\pi} \frac{1}{4}\, d\theta = \frac{2\pi}{4} = \frac{\pi}{2} \end{aligned}$$

■

26 $z = 2x^2 + y^2$ と平面 $x + y = 1$ および 3 つの座標平面で囲まれる立体の体積を求めよ．

解く前に $\iint_D (2x^2 + y^2)\, dxdy,\ D = \{(x, y) \mid x \geqq 0, y \geqq 0, x + y \leqq 1\}$

27 $x^2 + y^2 + z^2 \leqq 1$ と $x^2 + y^2 \leqq x$ との共通部分の体積を求めよ． （筑波大学）

解く前に $2\iint_D \sqrt{1 - x^2 - y^2}\, dxdy,\ D = \left\{ (x, y) \left(x - \frac{1}{2}\right)^2 + y^2 \leqq \frac{1}{4} \right\}$

28 次の立体の体積を求めよ．ただし $a > 0,\ b > 0$ とする．

（(2)：長岡技術科学大学）

(1) $z \leqq \dfrac{x^2}{a^2} + \dfrac{y^2}{b^2},\ x^2 + y^2 \leqq 1,\ z \geqq 0$ の共通部分

(2) $0 \leqq z \leqq \dfrac{1}{\sqrt{1 + x^2 + y^2}},\ x^2 + y^2 \leqq 1$ で定義される立体

29 円柱 $y^2 + z^2 \leqq 1$ から円柱 $x^2 + y^2 \leqq 1$ がくり抜く部分の体積を求めよ．

解く前に x についての積分から始めよ．

6.4 曲 面 積

曲面積 xy 平面の領域 D に対応する曲面 $z=f(x,y)$ の面積は
$\displaystyle\iint_D \sqrt{1+f_x(x,y)^2+f_y(x,y)^2}\,dxdy$ で与えられる．

A

30 円柱面 $x^2+y^2=1$ の 2 平面 $z=0$, $z=2$ の間の部分の面積を求めよ．

教 問 6.14, 6.15

B

例題 6.7 円柱面 $y^2+z^2=1$ の 2 平面 $x=0$, $x=1$ の間の部分の面積を求めよ．

解 円柱面の $z \geqq 0$ なる部分を考えると，$z=\sqrt{1-y^2}$

$z_x=0$, $z_y=-\frac{y}{\sqrt{1-y^2}}$ より，$\sqrt{1+z_x^2+z_y^2}=\frac{1}{\sqrt{1-y^2}}$

よって，$D=\{(x,y)\,|\,0\leqq x\leqq 1,\ -1\leqq y\leqq 1\}$ とするとき求める面積は

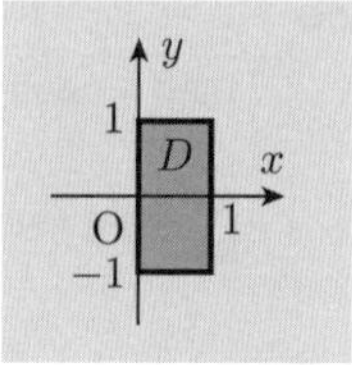

$$\iint_D \frac{2}{\sqrt{1-y^2}}\,dxdy=\int_0^1\left\{\int_{-1}^1 \frac{2}{\sqrt{1-y^2}}\,dy\right\}dx$$

$$=4\int_0^1 \frac{1}{\sqrt{1-y^2}}\,dy=4\Big[\sin^{-1}y\Big]_0^1=4\frac{\pi}{2}=2\pi \quad ■$$

31 次の曲面の面積を求めよ．ただし $a>0$, $b>0$ とする．

(1) 円柱面 $x^2+y^2=a^2$ の内部にある円柱面 $y^2+z^2=a^2$

(2) 曲面 $z=\frac{x^2}{2a}+\frac{y^2}{2b}$ の $\frac{x^2}{a^2}+\frac{y^2}{b^2}=1$ に含まれる部分

(3) 球面 $x^2+y^2+z^2=a^2$ の円柱 $x^2+y^2\leqq ay$ に含まれる部分

(4) $(x^2+y^2)^{\frac{1}{3}}+z^{\frac{2}{3}}=1$ で定義される曲面

32 $a>0$ とし，$D=\left\{(x,y)\,\middle|\,x^2+y^2\leqq\frac{3}{4}a^2\right\}$ とする．

曲面 $z=\sqrt{a^2-x^2-y^2}$, $(x,y)\in D$ の面積を求めよ． (富山大学)

6.5 広義積分

不連続点を含む領域における積分 領域 D が $f(x,y)$ の不連続点を含む場合は，極限において一致するように不連続点を避けた領域 D_ε を作り，$\displaystyle\lim_{\varepsilon\to+0}\iint_{D_\varepsilon} f(x,y)\,dxdy$ を計算する．

有界でない領域における積分 領域 D が有界でない場合は，D を有界な領域に制限した積分を考え極限をとる．

A

33 次の広義積分の値を求めよ． 教問 6.16, 6.17

(1) $\displaystyle\iint_D \frac{xy}{(x^2+y^2)^{\frac{3}{2}}}\,dxdy,\quad D=\{(x,y)\mid x^2+y^2\leqq 1,\ x\geqq 0,\ y\geqq 0\}$

(2) $\displaystyle\iint_D \frac{1}{x^2y^2}\,dxdy,\quad D=\{(x,y)\mid x\geqq 1,\ y\geqq 1\}$

B

例題 6.8 $D=\{(x,y)\mid x\geqq 0,\ y\geqq 0,\ x^2+y^2\leqq 1\}$ とするとき広義積分 $\displaystyle\iint_D \frac{1}{(x^2+y^2)^{\frac{3}{4}}}\,dxdy$ の値を求めよ．

解 $D_\varepsilon=\{(x,y)\mid x\geqq 0,\ y\geqq 0,\ \varepsilon^2\leqq x^2+y^2\leqq 1\}$ とすると

$$\iint_D \frac{1}{(x^2+y^2)^{\frac{3}{4}}}\,dxdy = \lim_{\varepsilon\to+0}\iint_{D_\varepsilon}\frac{1}{(x^2+y^2)^{\frac{3}{4}}}\,dxdy$$

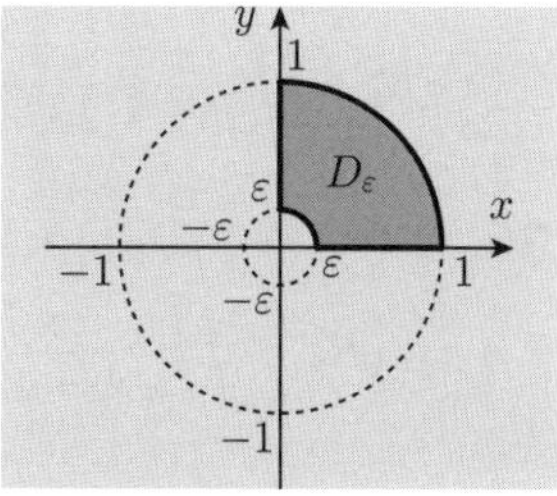

極座標を用いると D_ε は $\varepsilon\leqq r\leqq 1,\ 0\leqq\theta\leqq\dfrac{\pi}{2}$ と表されるので

$$\iint_{D_\varepsilon} \frac{r}{(r^2)^{\frac{3}{4}}}\,drd\theta = \int_0^{\frac{\pi}{2}} \left\{ \int_\varepsilon^1 r^{-\frac{1}{2}}\,dr \right\} d\theta = \int_0^{\frac{\pi}{2}} \left[2r^{\frac{1}{2}} \right]_{r=\varepsilon}^{r=1} d\theta = \pi(1-\sqrt{\varepsilon})$$

したがって，$\displaystyle\iint_D \frac{1}{(x^2+y^2)^{\frac{3}{4}}}\,dxdy = \pi$ ■

例題 6.9 $D = \{(x, y) \mid x^2 + y^2 \geqq 1\}$ とするとき次の広義積分の値を求めよ．

$$\iint_D \frac{1}{(1+x^2+y^2)^2}\,dxdy$$

解 $D_R = \{(x, y) \mid R^2 \geqq x^2 + y^2 \geqq 1\}$ とすると

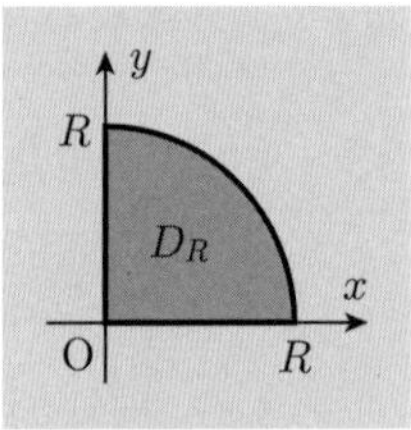

$$\iint_D \frac{1}{(1+x^2+y^2)^2}\,dxdy$$

$$= \lim_{R\to\infty} \iint_{D_R} \frac{1}{(1+x^2+y^2)^2}\,dxdy$$

極座標を用いて

$$= \lim_{R\to\infty} \int_0^{2\pi} \left\{ \int_1^R \frac{1}{(1+r^2)^2}\,r\,dr \right\} d\theta = 2\pi \lim_{R\to\infty} \left[-\frac{1}{2(1+r^2)} \right]_1^R$$

$$= 2\pi \lim_{R\to\infty} \left(-\frac{1}{2(1+R^2)} + \frac{1}{4} \right) = \frac{\pi}{2}$$ ■

---

34 次の広義積分を求めよ． （(2)：金沢大学）

(1) $\displaystyle\iint_D \frac{1}{\sqrt{x^2+y^2}}\,dxdy,\quad D = \{(x, y) \mid 0 \leqq x \leqq 1,\ 0 \leqq y \leqq x\}$

(2) $\displaystyle\iint_D \frac{1}{\sqrt{1-x^2-y^2}}\,dxdy,\quad D = \{(x, y) \mid x^2 + y^2 \leqq 1\}$

(3) $\displaystyle\iint_D \frac{1}{(1+2x^2+y^2)^2}\,dxdy,\quad D = \{(x, y) \mid x \geqq 0,\ y \geqq 0\}$

35 $D(R) = \{(x, y) \mid 1 \leqq x^2 + y^2 \leqq R^2\}$ （$R > 1$）について

$\displaystyle I_a(R) = \iint_D \frac{1}{(x^2+y^2)^a}\,dxdy$ （$a > 0$）とおく．次の問いに答えよ．

（(2)：金沢大学）

(1) $I_a(R)$ を求めよ． (2) 極限値 $\displaystyle\lim_{R\to\infty} I_a(R)$ を求めよ．

6.6 重　心

重　心　領域 D 内に質点が一様に分布しているとき，D の重心 $(\overline{x}, \overline{y})$ は

$$\overline{x} = \frac{\displaystyle\iint_D x\,dxdy}{\displaystyle\iint_D dxdy}, \quad \overline{y} = \frac{\displaystyle\iint_D y\,dxdy}{\displaystyle\iint_D dxdy}$$

で与えられる．

A

36　次の図形の重心を求めよ．　（広島市立大学）　教問 6.18

(1)　曲線 $y = 1 - x^2$ と x 軸で囲まれる図形

(2)　$D = \{(x, y) \mid x + y \leqq 1,\ x \geqq 0,\ y \geqq 0\}$

解く前に　(1)　図形は直線 $x = \frac{1}{2}$ について対称なので $\overline{x} = \frac{1}{2}$

(2)　領域 D は $y = x$ について対称なので，$\iint_D x\,dxdy = \iint_D y\,dxdy$ となり $\overline{x} = \overline{y}$

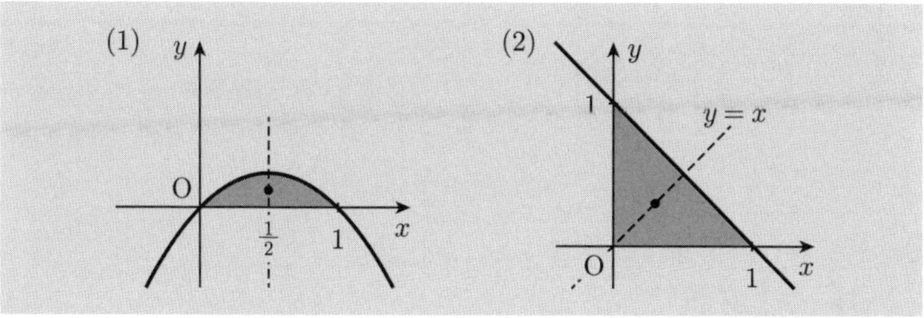

37　曲線 $y = f(x)$，x 軸，直線 $x = a$，$x = b$ で囲まれた領域の重心 $(\overline{x}, \overline{y})$ を考える．ただし区間 $[a, b]$ で $f(x) \geqq 0$ とする．　（大阪大学）　教問 6.18

(1)　$\overline{x} = \dfrac{\displaystyle\int_a^b xf(x)\,dx}{\displaystyle\int_a^b f(x)\,dx}$ となることを証明せよ．

(2)　同様の形式で $\overline{y}$ を求めよ．

(3)　$f(x) = e^{-\frac{x}{3}}$ で区間が $[0, 1]$ となるときの重心 $(\overline{x}, \overline{y})$ を求めよ．

B

例題 6.10　$D = \left\{(x,y) \,\middle|\, \dfrac{x^2}{a^2} + \dfrac{y^2}{b^2} \leqq 1,\ y \geqq 0\right\}$ の重心 $(\overline{x}, \overline{y})$ を求めよ $(a > 0,\ b > 0)$.

解　対称性より $\overline{x} = 0$. また，変換 $x = ar\cos\theta, y = br\sin\theta$ により

$$\iint_D dxdy = \int_0^{\pi} \left\{ \int_0^1 abr\,dr \right\} d\theta = \frac{\pi ab}{2}$$

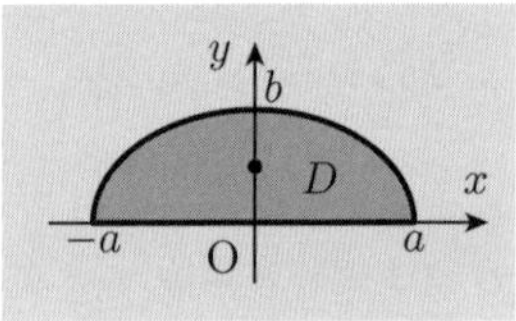

同様にして

$$\iint_D y\,dxdy = \int_0^{\pi} \left\{ \int_0^1 br\sin\theta\, abr\,dr \right\} d\theta$$

$$= ab^2 \int_0^{\pi} \sin\theta \left\{ \int_0^1 r^2\,dr \right\} d\theta$$

$$= ab^2 \Big[-\cos\theta\Big]_0^{\pi} \left[\frac{r^3}{3}\right]_0^1 = \frac{2ab^2}{3}$$

ゆえに $\overline{y} = \dfrac{4b}{3\pi}$，重心の座標は $\left(0, \dfrac{4b}{3\pi}\right)$　■

38　$D = \left\{(x,y) \,\middle|\, \dfrac{x^2}{a^2} + \dfrac{y^2}{b^2} \leqq 1,\ x \geqq 0,\ y \geqq 0\right\}$ の重心を求めよ $(a > 0,\ b > 0)$.

39　重心に関して次を証明せよ.

(1)　平行移動

$\begin{cases} X = x + c \\ Y = y + d \end{cases}$ を行うと，重心も同じ変換を受ける（c, d は定数).

(2)　原点に関する角 θ の回転

$\begin{cases} X = x\cos\theta - y\sin\theta \\ Y = x\sin\theta + y\cos\theta \end{cases}$ を行うと，重心も同じ変換を受ける.

40　$\mathrm{A}(a_1, b_1)$, $\mathrm{B}(a_2, b_2)$, $\mathrm{C}(a_3, b_3)$ とする．$\triangle\mathrm{ABC}$ の重心を重積分による定義にしたがって求めよ.

C 発展問題

41 次の 2 重積分の値を求めよ. ((5)：名古屋工業大学)

(1) $\displaystyle\iint_D \frac{x^2}{y}\,dxdy$, D は $y=x^2, y=1, x=2$ が囲む xy 平面上の領域

(2) $\displaystyle\iint_D \sqrt{2x^2+y^2}\,dxdy$, $D=\{(x,y)\mid 0 \leqq x \leqq 1, 2y \leqq x, -y \leqq x\}$

(3) $\displaystyle\iint_D xy\,dxdy$, $D=\{(x,y)\mid x \geqq 0, y \geqq 0, x^2+y^2 \leqq 1 \leqq a^2x^2+y^2\}$

ここに $a>1$ とする.

(4) $\displaystyle\iint_D |2y-x|\,dxdy$, $D=\{(x,y)\mid 0 \leqq x \leqq 1, 0 \leqq y \leqq 1\}$

(5) $\displaystyle\iint_D \log(x+y)\,dxdy$, $D=\{(x,y)\mid 0 \leqq x \leqq 1, 0 \leqq y \leqq 1\}$

42 $D=\{(x,y)\mid \sqrt{x}+\sqrt{y} \leqq 1,\ x \geqq 0,\ y \geqq 0\}$ とする. $\displaystyle\iint_D \sqrt{xy}\,dxdy$ の値を求めよ.

43 平面 $\dfrac{x}{a}+\dfrac{y}{b}+\dfrac{z}{c}=1$ と 3 つの座標平面で囲まれる立体の体積を求めよ.
ここに $a>0, b>0, c>0$ とする.

44 曲面 $z=xy$, 円柱 $(x-2)^2+(y-2)^2=1$ および xy 平面により囲まれた立体の体積を求めよ.

45 $(\sqrt{x^2+y^2}-a)^2+z^2=b^2$ で定義される曲面を考える $(a>b>0)$.

(1) 極座標 $x=r\cos\theta$, $y=r\sin\theta$ を用いることで, この曲面の概形をかけ.

(2) この曲面で囲まれる部分の体積 V を求めよ.

(3) この曲面の面積 S を求めよ.

46 $(x^2+y^2)^2=2xy$ の内部にある曲面 $z=xy$ の面積を求めよ.

47 $(x^2+y^2+z^2)^2=a^2(x^2-y^2)$ で定義される曲面の面積を求めよ.

解く前に $\begin{cases} x = r\cos\theta\cos\varphi \\ y = r\sin\theta\cos\varphi \\ y = r\sin\varphi \end{cases}$ と 3 次元の極座標を入れる.

48 $$\iint_D x\,dxdy,\ D=\{(x,y)\mid x^2+y^2 \leqq 1,\ x^2+y^2 \leqq 2x\}$$
の値を求めよ．

49 $$\iint_D x\,dxdy,\quad D=\{(x,y)\mid 3x^2+3y^2 \leqq 2xy+2x+2y+1\}$$
の値を求めよ．

50 広義積分
$$\iint_D e^{-4x^2+2\sqrt{3}xy-y^2}\,dxdy,\quad D=\{(x,y)\mid x \geqq 0,\ y \leqq \sqrt{3}\,x\}$$
の値を求めよ．

51 $a>0$ とする．次の問いに答えよ．

(1) $\displaystyle\int_{-\infty}^{\infty}\left\{\int_{-\infty}^{\infty} e^{-(x^2+y^2)}\,dy\right\}dx$ を求めよ．

(2) $\displaystyle f(a)=\int_0^{\infty} e^{-ax^2}\,dx$ とおく．

$f'(a)$ を求めることにより $\displaystyle\int_0^{\infty} x^2e^{-x^2}\,dx,\ \int_0^{\infty} x^{2n}e^{-x^2}\,dx$ を求めよ

$(n=1,2,\ldots)$．

解く前に 教科書の例題 6.14 を利用せよ．

52 次の等式を証明せよ．
$$\iint_D (xy)^{xy}\,dxdy=\int_0^1 y^y dy,\quad D=\{(x,y)\mid 0 \leqq x \leqq 1,\ 0 \leqq y \leqq 1\}$$

53 xy 平面上の次の図形の重心の座標を求めよ．

(1) $a>0$ に対し，サイクロイド
$$x=a(t-\sin t),\ y=a(1-\cos t)\quad (0 \leqq t \leqq 2\pi)$$
と x 軸とで囲まれた図形．

(2) $a>0$ に対し，カージオイド
$$r=a(1+\cos\theta)\quad (0 \leqq \theta \leqq 2\pi)$$
に囲まれた図形．

問題解答

第1章

1.1 節　**1**　(1)　一般項 $4n-1$，□ は順に $3, 11, 15$

(2)　一般項 $28-7n$，□ は順に $21, 14, 0$

2　(1)　一般項 $5-2n$，最初の 5 項 $3, 1, -1, -3, -5$

(2)　公差 -1，一般項 $1-n$，最初の 5 項 $0, -1, -2, -3, -4$

(3)　初項 -1，公差 3，一般項 $3n-4$，最初の 5 項 $-1, 2, 5, 8, 11$

(4)　初項 -1，一般項 $1-2n$，最初の 5 項 $-1, -3, -5, -7, -9$

(5)　公差 11，一般項 $11n$，最初の 5 項 $11, 22, 33, 44, 55$

(6)　初項 -7，公差 -12，最初の 5 項 $-7, -19, -31, -43, -55$

3　証明略　（ヒント：第 n 項と第 $n-1$ 項の差を求めよ.）

(1)　初項 2，公差 -3　　(2)　初項 -13，公差 12

4　(1)　$n(4-n)$　　(2)　$\frac{n(1-n)}{2}$　　(3)　$\frac{n(3n-5)}{2}$　　(4)　$-n^2$

(5)　$\frac{11n(n+1)}{2}$　　(6)　$-n(6n+1)$

5　(1)　一般項 $3^{\frac{n+1}{3}}$，□ は順に $3^{\frac{2}{3}}, 3^{\frac{4}{3}}, 3^{\frac{5}{3}}$

(2)　一般項 $-7(\pm1)^{n-1}$，□ は順に $-7, \mp7, \mp7$（複号同順）

6　(1)　一般項 3^n，最初の 5 項 $3, 9, 27, 81, 243$

(2)　公比 $\pm\frac{1}{2}$，一般項 $\left(\pm\frac{1}{2}\right)^{n-1}$，最初の 5 項 $1, \pm\frac{1}{2}, \frac{1}{4}, \pm\frac{1}{8}, \frac{1}{16}$（複号同順）

(3)　初項 ±1，公比 ±3，一般項 $\frac{(\pm3)^n}{3}$，最初の 5 項 $\pm1, 3, \pm9, 27, \pm81$（複号同順）

(4)　初項 4，一般項 $4(-1)^{n-1}$，最初の 5 項 $4, -4, 4, -4, 4$

(5)　公比 3，一般項 3^{n-1}，最初の 5 項 $1, 3, 9, 27, 81$

(6)　初項 3，公比 $\frac{1}{2}$，最初の 5 項 $3, \frac{3}{2}, \frac{3}{4}, \frac{3}{8}, \frac{3}{16}$

7　(1)　$\sqrt{2}\frac{\sqrt{2}^n-1}{\sqrt{2}-1}$　　(2)　$\frac{1}{4}\{1-(-3)^n\}$

(3)　$\frac{3}{2}\left(1-\frac{1}{3^n}\right)$　　(4)　$\frac{3}{2}\{1-(-1)^n\}$

8　(1)　証明略　（ヒント：$a_n - a_{n-1}$ を求めよ.）　初項 7，公差 -5　　(2)　第 3 項から

(3)　含まれない　　(4)　項数 5，和 -15　　(5)　第 3 項まで

9　(1)　証明略　（ヒント：$a_n \div a_{n-1}$ を求めよ.）　初項 4，公比 $\frac{2}{5}$

(2)　第 3 項から　　(3)　含まれる（$n=4$）

(4)　$\frac{20}{3}\left\{1-\left(\frac{2}{5}\right)^n\right\}$　　(5)　$n=4$

10　(1)　3750　　(2)　1687　　(3)　441　　(4)　602

1.2 節　**11**　証明略　（ヒント：$a_n - a_{n-1}$ を求めよ.）

初項，公差，一般項の順に示す.　(1)　$-2, 4, 4n-6$　　(2)　$-5, -10, 5-10n$

(3)　$8, -8, 16-8n$　　(4)　$-11, -24, 13-24n$

12 証明略 （ヒント：$a_n \div a_{n-1}$ を求めよ.）

初項，公比，一般項の順に示す． (1) $\frac{2}{3}$, $\frac{1}{3}$, $\frac{2}{3^n}$ (2) $\frac{1}{3}$, $\frac{2}{3}$, $\frac{1}{2}\left(\frac{2}{3}\right)^n$

(3) $\frac{7}{10}$, $\frac{1}{10}$, $\frac{7}{10^n}$ (4) $\frac{3}{25}$, $\frac{1}{100}$, $\frac{12}{100^n}$

13 (1) $\sum_{k=1}^{2n} k$ (2) $\sum_{i=1}^{k} (2i-1)^2$ (3) $\sum_{i=0}^{n-1} \frac{1+i}{n-i} \left(= \sum_{j=1}^{n} \frac{j}{n-j+1}\right)$

(4) $\sum_{i=1}^{p} (2i-1)^i$ (5) $\sum_{i=1}^{k} \frac{i}{2^i}$ (6) $\sum_{i=0}^{n-1} (1+i)(n-i) \left(= \sum_{j=1}^{n} j(n-j+1)\right)$

14 (1) 不成立 (2) 成立 (3) 不成立 (4) 不成立

15 (1) 正 (2) 正 (3) 正

16 (1) $\sum_{k=1}^{n} (2k-1)^2 = \frac{n(2n-1)(2n+1)}{3}$

(2) $\sum_{k=1}^{n} k^2(k+1) = \frac{n(n+1)(n+2)(3n+1)}{12}$

(3) $\sum_{k=1}^{n} (2k-1)(2n-2k+1) = \frac{n(2n^2+1)}{3}$

(4) $\sum_{k=1}^{n} 2k(4k^2-1) = n(n+1)(2n^2+2n-1)$

17 (1) $\sum_{k=1}^{n} k3^k = \frac{2n-1}{4}3^{n+1} + \frac{3}{4}$ (2) $\sum_{k=1}^{n} k3^{1-k} = \frac{9}{4} - \frac{3+2n}{4\cdot 3^{n-1}}$

(3) $\sum_{k=1}^{n} (3k-2)3^k = \frac{6n-7}{4}3^{n+1} + \frac{21}{4}$

18 (1) $\sum_{k=1}^{n} \frac{1}{(2k-1)(2k+1)} = \frac{1}{2}\left(1 - \frac{1}{2n+1}\right)$

(2) $\sum_{k=1}^{n} \frac{1}{(3k-2)(3k+1)} = \frac{1}{3}\left(1 - \frac{1}{3n+1}\right)$

(3) $\sum_{k=1}^{n} \frac{1}{k(k+2)(k+4)} = \frac{1}{4}\left\{\frac{11}{24} - \frac{1}{(n+1)(n+3)} - \frac{1}{(n+2)(n+4)}\right\}$

(4) $\sum_{k=1}^{n} \frac{2k+1}{k^2(k+1)^2} = 1 - \frac{1}{(n+1)^2}$

(5) $\sum_{k=1}^{n} \frac{1}{\sqrt{k}+\sqrt{k+2}} = \frac{1}{2}(\sqrt{n+2} + \sqrt{n+1} - \sqrt{2} - 1)$

(6) $\sum_{k=1}^{n} \frac{1}{\sqrt{2k-1}+\sqrt{2k+1}} = \frac{1}{2}(\sqrt{2n+1} - 1)$

19 (1) $c = 0$ (2) $q = -p$

20 (1) $\frac{n(n+1)(n+2)}{6}$ (2) $\frac{n(n+1)(n+2)(3n+1)}{24}$

(3) $\frac{1}{4}\left\{\frac{5}{4} - \frac{1}{(n+1)^2} - \frac{1}{(n+2)^2}\right\}$ (4) $\frac{-n}{(n+1)^2}$

(5) $\frac{3}{8} + \frac{n(n+1)(2n+1)}{6} + \left(n - \frac{1}{2}\right)3^{n+1} + \frac{1}{8}3^{2n+2}$

(6) $2n-1+\frac{1}{8}\left(3^{2n+2} - \frac{1}{3^{2n}}\right)$

1.3節 **21** (1) 例：$2n^2-5n+4$ (2) 例：$\frac{(n+1)(2n^2-5n+6)}{6}$

22 (1) $a_n=5\cdot 2^{n-1}-2$ (2) $a_n=3^n-1$ (3) $a_n=6-\frac{3}{2^{n-1}}$

23 (1) $a_n=\frac{n^2+3n-2}{2}$ (2) $a_n=2-\frac{1}{2^{n-1}}$

24 (1) $a_n=2^{n-1}$ (2) $a_n=\frac{5}{3}+\frac{1}{3}\left(-\frac{1}{2}\right)^{n-2}$

25 (1), (2) いずれも一般項は $a_n=\frac{2n-1}{2^{n-1}}$.
証明略 （ヒント：最初の数項を書き下してみよ.）

26 (1)～(3) 証明略 （ヒント：いずれも $n=1$ で成り立つ. $n=N$ でも成り立つと仮定せよ.）

27 (1) $a_n=2^n-(n^2+4n+5)$ (2) $a_n=3^n-\frac{1}{2}(n^2+n+1)$

28 (1) $a_n=3-\frac{1}{2^{n-2}}-\frac{n-1}{2^{n-1}}$ (2) $a_n=2-\frac{1}{n^2}$

29 (1) $a_n=\frac{1}{2^{n+1}-3}$ (2) $a_n=\frac{(n+1)(5n-4)}{2}$

30 (1) 1, 2, 4, 6, 9, 12, 16, 20, 25, 30, 36, 42

(2) 一般項 $a_n=\begin{cases} m^2 & (n=2m-1 \text{ のとき}) \\ m(m+1) & (n=2m \text{ のとき}) \end{cases}$ （m は自然数）.

証明略 （ヒント：(1) で書き下した数列をよく見てみよ.）

(3) 和 $\sum_{k=1}^{n} a_k=\begin{cases} \frac{1}{6}m(m+1)(4m-1) & (n=2m-1 \text{ のとき}) \\ \frac{1}{6}m(m+1)(4m+5) & (n=2m \text{ のとき}) \end{cases}$ （m は自然数）

31 (1)～(4) 証明略 （ヒント：いずれも $n=1$ で成り立つ. $n=N$ でも成り立つと仮定せよ.）

32 (1), (2) 証明略 （ヒント：いずれも $n=1$ で成り立つ. $n=N$ でも成り立つと仮定せよ.）

1.4節 **33** (1) 2 に収束 (2) -2 に収束 (3) 0 に収束 (4) 0 に収束
(5) 0 に収束 (6) 8 に収束

34 (1) $-\infty$ に発散 (2) $+\infty$ に発散 (3) $+\infty$ に発散 (4) $-\infty$ に発散
(5) $+\infty$ に発散 (6) $+\infty$ に発散

35 (1) 2 に収束 (2) $+\infty$ に発散 (3) $-\infty$ に発散 (4) $-\infty$ に発散
(5) 0 に収束 (6) 0 に収束

36 (1) 0 に収束 (2) $+\infty$ に発散 (3) $-\infty$ に発散 (4) 0 に収束
(5) 0 に収束 (6) 0 に収束

37 (1) $-\infty$ に発散 (2) $-\infty$ に発散 (3) 0 に収束 (4) 振動

38 (1) $\frac{1}{e}$ に収束 (2) e^2 に収束

39 (1) $\frac{1}{2}$ に収束 (2) $+\infty$ に発散 (3) $+\infty$ に発散

40 (1) $-\frac{1}{4}$ に収束 (2) $-\frac{1}{2}$ に収束 (3) $+\infty$ に発散 (4) $\frac{1}{3}$ に収束

41 (1) $\frac{1}{2}$ に収束 (2) $\frac{1}{2}$ に収束 (3) $\frac{4}{3}$ に収束 (4) $+\infty$ に発散
(5) 1 に収束 (6) 1 に収束 (7) 0 に収束 (8) 0 に収束

42 (1) $\begin{cases} a \text{ に収束} & (0<b<1 \text{ のとき}) \\ a-1 \text{ に収束} & (b=1 \text{ のとき}) \\ -\infty \text{ に発散} & (1<b \text{ のとき}) \end{cases}$

(2) $\begin{cases} 0 \text{ に収束} & (0<a<1 \text{ のとき}) \\ \frac{1}{2} \text{ に収束} & (a=1 \text{ のとき}) \\ a \text{ に収束} & (1<a \text{ のとき}) \end{cases}$

(3) $\begin{cases} -1 \text{ に収束} & (0<a<1 \text{ のとき}) \\ 0 \text{ に収束} & (a=1 \text{ のとき}) \\ 1 \text{ に収束} & (1<a \text{ のとき}) \end{cases}$

(4) $\begin{cases} -1 \text{ に収束} & (0<ab<1 \text{ のとき}) \\ 0 \text{ に収束} & (ab=1 \text{ のとき}) \\ 1 \text{ に収束} & (1<ab \text{ のとき}) \end{cases}$

43 (1) $a=0,\ b=4$ (2) $a=\sqrt{3},\ b=\frac{1}{\sqrt{3}}$

44 (1) $\frac{1}{2}$ に収束 (2) $-\frac{1}{2}$ に収束 (3) 振動

45 (1) 証明略 (ヒント：$S_1=a_1,\ S_n-S_{n-1}=a_n\ (n \geqq 2)$)

(2) $\frac{p}{(p-1)^2}$ に収束 (3) $\frac{p}{(p-1)^3(p+1)}$ に収束

46 $\frac{3\pi}{32}$

47 2

第2章

2.1節 **1** (1) 5 (2) $-\frac{6}{7}$ (3) $2-\sqrt{3}$ (4) $\frac{3}{4}$

2 (1) $\frac{1}{3}$ (2) 1 (3) $\frac{2}{9}$ (4) 16

3 (1) 1 (2) 4 (3) -1

4 (1) $\frac{\sqrt{2}}{4}$ (2) 0 (3) $-\sqrt{3}$

5 (1) -1 (2) 7 (3) -10 (4) -3 (5) $\frac{7}{3}$ (6) 12

6 (1) -1 (2) $\frac{\sqrt{3}}{6}$

7 (1) $-\frac{1}{5}$ (2) 1

8 (1) ∞ (2) $-\infty$ (3) $-\infty$ (4) ∞ (5) -3 (6) -1

9 (1) 1 (2) 4 (3) 0 (4) -3 (5) 0 (6) 1

10 (1) 0 (2) -1 (3) $\frac{3}{2}$

11 (1) ∞ (2) ∞ (3) $-\infty$ (4) ∞

12 (1) $-\infty$ (2) ∞ (3) 1

13 (1) 0 (2) ∞ (3) $-\infty$

14 証明略 $\left(\text{ヒント：} -\frac{1}{x^2+1} \leqq \frac{\sin x}{x^2+1} \leqq \frac{1}{x^2+1}\right)$

15 (1) 7 (2) $\frac{3}{5}$ (3) $\frac{5}{4}$ (4) 2

16 (1) $a=-7, b=12$ (2) $a=-3, b=3$ (3) $a=20, b=40$
(4) $a=-5, b=2$

17 (1) e^8 (2) $e^{-1}=\frac{1}{e}$ (3) e^4 (4) $\log a$

18 $-\sin\theta$

19 (1) $-\frac{1}{2}$ (2) 2 (3) $\frac{2}{5}$

20 (1) 存在しない (2) 0 (3) 存在しない

21 (1) 5 (2) $\frac{1}{2}$ (3) 2

22 (1) $a>1$ のとき $-\frac{1}{a}$, $0<a<1$ のとき 0 (2) b (3) a (4) a

2.2節 **23** (1) $(-\infty,-1)\cup(-1,\infty)$ (2) $(-\infty,\infty)$ (3) $[-3,\infty)$
(4) $(4,\infty)$ (5) $(-\infty,\infty)$ (6) $(2,\infty)$

24 (1) 3 (2) -2 (3) $a+b$ (4) $3a^2+3ah+h^2$

25 (1) $f'(3)=4$ (2) $f'(-1)=-4$ (3) $f'(a)=2a-2$

26 (1) $y'=5$ (2) $y'=4x$ (3) $y'=-3x^2$ (4) $y'=4x^3-2$

27 (1) $y'=7$ (2) $y'=6x^2-5$ (3) $y'=\frac{15x^4-1}{2}$ (4) $y'=\frac{15x^2-2x}{3}$
(5) $y'=-12x^5+12x^2-3$ (6) $y'=6x^2-12x+1$

28 (1) $\frac{dV}{dr}=4\pi r^2$ (2) $\frac{dq}{dp}=-3p^2+2$ (3) $\frac{dx}{dt}=14t-2$
(4) $\frac{df}{ds}=4s^3+6s^2-8s-8$

29 (1) $f'(3)=2$ (2) $f'(4)=23$ (3) $f'(-2)=-4$ (4) $f'(1)=11$

30 (1) $\frac{dx}{dt}=12-6t$ (2) $t=2,\ x(2)=12$

31 (1) 連続でない (2) 連続 (3) 連続でない (4) 連続でない

32 ②

2.3節 **33** (1) $y'=10x^4-2x$ (2) $y'=-3x^2+8x-8$
(3) $y'=72x^5-12x^3+16x$ (4) $y'=\frac{x}{6}(8x^2-15x-50)$

34 (1) $y'=-\frac{2}{(x+1)^2}$ (2) $y'=-\frac{1}{(x-1)^2}$ (3) $y'=\frac{7(1-x^2)}{(x^2+x+1)^2}$
(4) $y'=\frac{-6x^2+6x-8}{(1-2x)^2}$

35 (1) $y'=-\frac{6}{x^3}$ (2) $y'=\frac{4}{3x^5}$ (3) $y'=-\frac{30}{x^7}-12x^2$

36 (1) $y'=4(x+3)^3$ (2) $y'=-12(-2x+5)^5$ (3) $y'=9(3x-2)^2$
(4) $y'=\frac{24}{(3x+1)^5}$ (5) $y'=\frac{90}{(4-5x)^4}$ (6) $y'=\frac{-4}{(\sqrt{2}\,x-1)^3}$

37 (1) $y'=12\cos 4x$ (2) $y'=-6x\cos(x^2)$ (3) $y'=\frac{\sin x}{2}$

38 (1) $y'=-2\sin 2x$ (2) $y'=-8\cos^3 x\sin x$ (3) $y'=-2x\sin(x^2+1)$

39 (1) $y'=\frac{3}{\cos^2 3x}$ (2) $y'=\frac{3x^2}{\cos^2(x^3)}$ (3) $y'=\frac{2x-3}{\cos^2(x^2-3x)}$

40 (1) $y'=2\cos 2x\cos 3x-3\sin 2x\sin 3x$
(2) $y'=\frac{5\cos 7x}{\cos^2 5x}-7\tan 5x\sin 7x$
(3) $y'=-\frac{\sin x\sin 2x+2\cos x\cos 2x}{\sin^2 2x}$ (4) $y'=\frac{1}{\cos x-1}$

(5) $y' = \frac{8\tan(4x+1)}{\cos^2(4x+1)}$ (6) $y' = 24\cos 2x(4\sin 2x - 1)^2$

41 (1) $y' = \frac{5}{5x-1}$ (2) $y' = \frac{2(x-1)}{(x+2)(x-4)}$ (3) $y' = -\frac{2}{x(x+2)}$

(4) $y' = \frac{1}{x\log 4}$ (5) $y' = \frac{x}{x^2+2}$ (6) $y' = \frac{1}{\tan x}$ $(= \cot x)$

42 (1) $y' = -2e^{-2x+1}$ (2) $y' = 3e^{4x}(4x+1)$ (3) $y' = 3 \cdot 5^{3x}\log 5$

(4) $y' = -\frac{e^x - e^{-x}}{(e^x+e^{-x})^2}$ (5) $y' = 3^x(\log 3\cos 2x - 2\sin 2x)$

(6) $y' = e^x\left(\tan 2x + \frac{2}{\cos^2 2x}\right)$ (7) $y' = 3(e^x - e^{-x})^2(e^x + e^{-x})$

(8) $y' = x \cdot 3^x(2 + x\log 3)$ (9) $y' = \frac{2xe^{2x} - 3e^{2x} - 2}{(x-1)^2}$

43 (1) $y' = 3x^{3x}(1 + \log x)$ (2) $y' = -\frac{2(x^2-6x-2)(x-2)^3}{(x^2+1)^4}$

(3) $y' = \frac{6x+10}{3}\sqrt[3]{\frac{x-1}{x+3}}$

44 (1) 0 (2) $-\frac{\pi}{3}$ (3) $\frac{\pi}{4}$ (4) $\frac{\pi}{2}$ (5) $-\frac{\pi}{6}$ (6) $-\frac{\pi}{4}$

45 (1) $\frac{\pi}{2}$ (2) $\frac{\pi}{3}$ (3) $\frac{\pi}{6}$ (4) π (5) $\frac{3}{4}\pi$ (6) 0

46 (1) $-\frac{\pi}{4}$ (2) $\frac{\pi}{3}$ (3) 0 (4) $-\frac{\pi}{6}$ (5) $-\frac{\pi}{3}$

47 $y' = \frac{1}{3\sqrt[3]{x^2}}$

48 (1) $y' = \frac{7}{\sqrt{1-49x^2}}$ (2) $y' = \frac{1}{\sqrt{9-x^2}}$ (3) $y' = \frac{2x}{\sqrt{1-x^4}}$

49 (1) $y' = -\frac{4}{\sqrt{-8x-16x^2}}$ (2) $y' = -\frac{1}{\sqrt{64-x^2}}$ (3) $y' = -\frac{2x}{\sqrt{1-x^4}}$

50 (1) $y' = \frac{1}{2x^2+18x+41}$ (2) $y' = -\frac{1}{x^2+1}$ (3) $y' = \frac{2x}{1+x^4}$

51 (1) $\pm\frac{1}{2}$ (2) $\pm\frac{\sqrt{5}}{5}$ (3) $\pm\frac{3\sqrt{10}}{5}$ (4) $\pm\frac{\sqrt{3}}{3}$

52 (1) $y' = \frac{4x-17}{2(x-2)\sqrt{x-2}}$ (2) $y' = \frac{1}{\sin x}$ (3) $y' = \frac{e^x}{e^x+1}$

(4) $y' = \sin^{-1}\sqrt{x} + \frac{\sqrt{x}}{2\sqrt{1-x}}$ (5) $y' = \frac{2}{3(x+2)}$

(6) $y' = \frac{-2}{\sqrt{x^2+2}(x-\sqrt{x^2+2})^2}$

53 (1) $\frac{3}{2}$ (2) -3 (3) $\frac{1}{2}$ (4) $\frac{4}{11}$ (5) $9e^4$ (6) -7

54 (1) $f'(x) = \frac{2(1-x^2)}{(x^2+1)^2}$, $x = \pm 1$ (2) $f'(x) = \frac{x(x-2)}{(x^2-x+1)^2}$, $x = 0, 2$

(3) $f'(x) = \frac{-3x+10}{\sqrt{5-x}}$, $x = \frac{10}{3}$ (4) $f'(x) = \frac{(2x-3)(x-1)}{\sqrt{x^2+3}}$, $x = 1, \frac{3}{2}$

55 (1) 証明略 （ヒント：$\sin^{-1}x = \alpha$, $\cos^{-1}x = \beta$ とおく.）

(2) 証明略 （ヒント：$\tan x = \alpha$, $\tan\frac{1}{x} = \beta$ とおく.）

2.4節 **56** (1) $y = 2x + 1$ (2) $y = x$

(3) $y = -x + 1$ (4) $y = 2x - 3$

57 (1) $y = -\frac{1}{3}x + \frac{4}{3}$ (2) $y = x$

(3) $y = -x$ (4) $y = -x$

58 (1)

x	$\cdots$	-1	$\cdots$	1	$\cdots$
y'	$+$	0	$-$	0	$+$
y	↗	0 極大	↘	-4 極小	↗

(2)

x	$\cdots$	0	$\cdots$	2	$\cdots$
y'	$+$	0	$-$	0	$+$
y	↗	8 極大	↘	4 極小	↗

(3)

x	$\cdots$	-1	$\cdots$	0	$\cdots$	1	$\cdots$
y'	$+$	0	$-$	0	$+$	0	$-$
y	↗	0 極大	↘	-1 極小	↗	0 極大	↘

(4)

x	$\cdots$	0	$\cdots$	1	$\cdots$
y'	$-$	0	$-$	0	$+$
y	↘	0	↘	-1 極小	↗

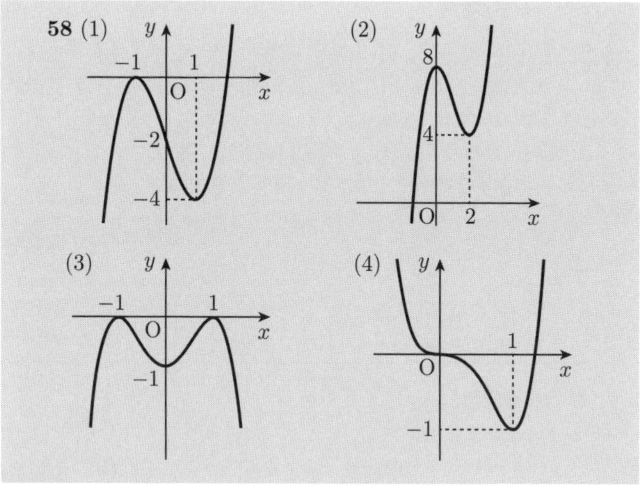

59 (1)

x	$\cdots$	-1	$\cdots$	1	$\cdots$
y'	$-$	0	$+$	0	$-$
y	↘	-1 極小	↗	1 極大	↘

$\lim_{x\to\pm\infty} y = 0$

(2)

x	$\cdots$	0	$\cdots$
y'	$+$	0	$-$
y	↗	1 極大	↘

$\lim_{x\to-\infty} y = -\infty,\ \lim_{x\to\infty} y = 0$

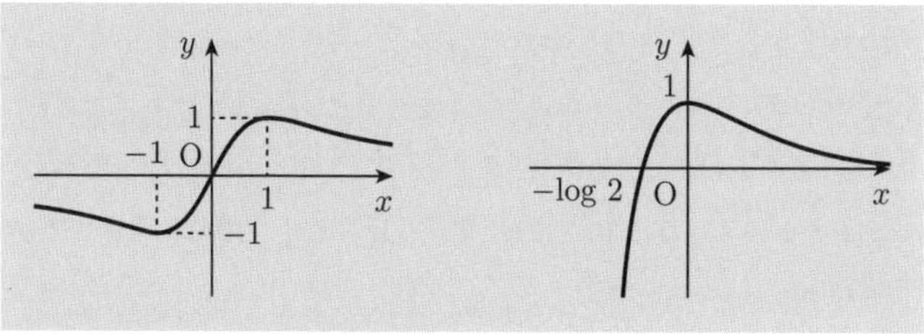

60　(1)　最大値 $y=47$ （$x=-3$ のとき），最小値 $y=15$ （$x=-5,\ 1$ のとき）
(2)　最大値 $y=2$ （$x=1$ のとき），最小値 $y=1+\log 2$ （$x=2$ のとき）

61　(1)　3 個　　(2)　2 個

62　$a^2-3b>0$

63　(1)　証明略 （ヒント：$f(x)=x-\sin x$ とおいて $x \geqq 0$ の範囲で増減表を作成する.）
(2)　証明略 （ヒント：$f(x)=\cos x-\left(\frac{\pi}{2}-x\right)$ とおいて $x \geqq \frac{\pi}{2}$ の範囲で増減表を作成する.）

64　$\mathrm{BC}=\frac{1}{3}$

65　$y=-x-\frac{1}{4}$

66　$x=0$ （y 軸）および $y=\pm\frac{1}{2}x+\frac{3}{2}$

67　$a<-\frac{1}{4}$ のとき 1 個，$a=2,\ -\frac{1}{4}$ のとき 2 個，$-\frac{1}{4}<a<2$ または $a>2$ のとき 3 個

68　(1)　$k<-4$ または $k>0$ のとき 1 個，$k=0,\ -4$ のとき 2 個，
$-4<k<0$ のとき 3 個
(2)　$k<-2$ または $k>2$ のとき 0 個，$k=\pm 2$ のとき 1 個，
$-2<k<0$ または $0<k<2$ のとき 2 個，$k=0$ のとき 3 個

69　$\frac{3\sqrt{3}}{4}$

70　$\mathrm{P}\left(-\frac{2}{3},\ \frac{\sqrt{3}}{3}\right)$

第3章

3.1 節　以下，C は積分定数.

1　証明略 （ヒント：底の変換公式）

2　(1)　$\frac{2}{3}x^3+\frac{5}{2}x^2-x+C$　(2)　$\frac{2}{5}x^2\sqrt{x}+C$　(3)　$\frac{1}{4}(x-1)^4+C$
(4)　$-\frac{1}{2}x^{-2}+\frac{5}{3}x^{-3}+C$　(5)　$2x^3-\frac{5}{2}x^3-4x+C$　(6)　$3\sqrt[3]{x^2}+C$

3　(1)　$\frac{1}{4}x^4+2x^{\frac{1}{2}}-e^x+C$　(2)　$\frac{1}{2}(x-\sin x)+C$　(3)　$\tan x+C$

4　(1)　$\sin^{-1}\frac{x}{3}+C$　(2)　$\cos^{-1}\frac{x}{4}+C$
(3)　$\frac{1}{5}\tan^{-1}\frac{x}{5}+C$　(4)　$\frac{\sqrt{2}}{2}\sin^{-1}\frac{\sqrt{5}\,x}{5}+C$

5　(1)　$\log|x+\sqrt{x^2+2}|+C$　(2)　$\log|x+\sqrt{x^2-3}|+C$
(3)　$\frac{1}{2}\left(x\sqrt{2-x^2}+2\sin^{-1}\frac{x}{\sqrt{2}}\right)+C$
(4)　$\frac{1}{2}(x\sqrt{x^2-5}-5\log|x+\sqrt{x^2-5}|)+C$

6　(1)　$\frac{1}{35}(5x-2)^7+C$　(2)　$\frac{1}{8}(2x+1)^4+C$　(3)　$-\frac{1}{x+3}+C$
(4)　$\frac{2}{9}(3x-5)\sqrt{3x-5}+C$　(5)　$\frac{-1}{(2x+7)^2}+C$　(6)　$\frac{10}{3}\sqrt{3x-2}+C$

7　(1)　$3\log|x+2|+C$　(2)　$2\log|6x-1|+C$　(3)　$-\frac{1}{5}e^{1-5x}+C$
(4)　$2e^{4x+3}+C$　(5)　$\frac{6^{5x-1}}{5\log 6}+C$　(6)　$\frac{-2^{-3x+2}}{3\log 2}+C$

8　(1)　$-\frac{1}{4}\cos(4x+3)+C$　(2)　$\frac{1}{5}\sin(5x-2)+C$　(3)　$-2\cos\frac{x}{2}+C$

(4) $3\sin\frac{8x+5}{3}+C$

9 (1) $\frac{\sin 2x}{2}+C$ (2) $x-\frac{\cos 2x}{2}+C$

(3) $\frac{-2\cos 10x-5\cos 4x}{40}+C$

(4) $\frac{7\sin x-\sin 7x}{14}+C$ (5) $\frac{1}{60}(3\sin 10x+5\sin 6x)+C$

(6) $\frac{1}{32}(12x+8\sin 2x+\sin 4x)+C$

10 (1) $\frac{1}{5}(x^2-1)^5+C$ (2) $\frac{1}{2}(e^{x^2}+x^2)+C$ (3) $\frac{\sin^6 x}{6}+C$

(4) $\frac{(\log x)^4}{4}+C$ (5) $\frac{2}{3}\sqrt{(1+\log x)^3}+C$ (6) $\frac{1}{4}e^{x^4+1}+C$

11 (1) $\log|2x^3-5x+3|+C$ (2) $\log(\sin x+2)+C$

(3) $\log(e^x+e^{-x})+C$ (4) $\log\sqrt{x^2+3}+C$

12 (1) $\frac{e^{3x}}{9}(3x-1)+C$ (2) $\frac{a^x}{(\log a)^2}(x\log a-1)+C$

(3) $\frac{x^3}{9}(3\log x-1)+C$ (4) $\frac{x}{\log 5}(\log x-1)+C$

13 (1) $\frac{1}{4}(2x\sin 2x+\cos 2x)+C$ (2) $-x\cos x+\sin x+C$

(3) $\frac{3x-1}{4}\sin 4x+\frac{3\cos 4x}{16}+C$ (4) $\frac{5x-2}{3}\cos 3x-\frac{5\sin 3x}{9}+C$

14 (1) $\log\frac{|x-2|^3}{(x+1)^2}+C$ (2) $\log\frac{(x-2)^4}{|x+2|^5}+C$

(3) $\log|x-2|^3+\frac{1}{2}\tan^{-1}\frac{x}{2}+C$

(4) $\log|x-1|+\frac{2}{x-1}+C$

15 (1) $\frac{\sqrt{3}}{18}\log\left|\frac{x-\sqrt{3}}{x+\sqrt{3}}\right|+C$ (2) $\frac{1}{8}\log\left|\frac{x-2}{x+2}\right|+C$ (3) $\frac{1}{10}\log\left|\frac{x+5}{x-5}\right|+C$

(4) $\frac{1}{2}\log\left|\frac{x-\sqrt{7}}{x+\sqrt{7}}\right|+C$

16 (1) $\tan\frac{x}{2}+C$ (2) $\frac{2}{1-\tan\frac{x}{2}}+C$

(3) $-\frac{\sqrt{2}}{2}\log\left|\frac{\tan\frac{x}{2}-\sqrt{2}+1}{\tan\frac{x}{2}+\sqrt{2}+1}\right|+C$

(4) $\frac{1}{2}\log\left|\frac{1+\tan\frac{x}{2}}{1-\tan\frac{x}{2}}\right|-\frac{2+\tan\frac{x}{2}}{(1+\tan\frac{x}{2})^2}+C$

17 (1) $-\cos x+\frac{\cos^3 x}{3}+C$ (2) $\frac{\sin x}{15}(3\sin^4 x-10\sin^2 x+15)+C$

18 (1) $f(x)=x^3+\frac{2}{3}x\sqrt{x}+\frac{1}{3}$

(2) $f(x)=e^x-\log|x+1|+2$

19 (1) $\sin^{-1}(x-1)+C$ (2) $\cos^{-1}\frac{x+2}{3}+C$ (3) $\tan^{-1}(x-3)+C$

(4) $\log|x-2+\sqrt{x^2-4x+7}|+C$

20 (1) $-e^{-x}(x^2+2x+3)+C$ (2) $\frac{e^{3x}}{10}(\sin x+3\cos x)+C$

(3) $\frac{1}{4}\{2x\sin 2x-(2x^2-1)\cos 2x\}+C$ (4) $x\{2+(\log x)^2-2\log x\}+C$

21 (1) 証明略 （ヒント：部分積分法を用いる.）

(2) 証明略 （ヒント：部分積分法を用いる.）

22 (1) $\frac{2(3x-2)\sqrt{3x+1}}{27}+C$ (2) $\log\left|\frac{\sqrt{3x+1}-1}{\sqrt{3x+1}+1}\right|+C$

(3) $\frac{2}{3}\sqrt{3x+1}+\log\left|\frac{\sqrt{3x+1}-1}{\sqrt{3x+1}+1}\right|+C$

(4) $\log|x+\sqrt{x-4}|-\frac{2}{\sqrt{15}}\tan^{-1}\frac{2\sqrt{x-4}+1}{\sqrt{15}}+C$

(5) $\frac{1}{2}x^2\cos^{-1}x-\frac{1}{4}x\sqrt{1-x^2}+\frac{1}{4}\sin^{-1}x+C$

(6) $\frac{1}{2}x^2\tan^{-1}x-\frac{1}{2}x+\frac{1}{2}\tan^{-1}x+C$

(7) $\frac{x}{\sqrt{1-x^2}}+C$ (8) $\frac{x}{\sqrt{1+x^2}}+C$

(9) $\frac{2}{3}(x-2)\sqrt{x-2}-(x-2)+6\sqrt{x-2}-6\log|1+\sqrt{x-2}|+C$

23 $-\frac{\sqrt{a^2-x^2}}{a^2x}+C$

24 $-\frac{a}{x}-\tan^{-1}\frac{x}{a}+C$

25 (1) $\frac{1}{2}\log|x+\sqrt{x^2+1}|-\frac{1}{4}(x+\sqrt{x^2+1})^{-2}+C$

(2) $\frac{\sqrt{2}}{2}\log\left|\frac{x+\sqrt{x^2+2}-\sqrt{2}}{x+\sqrt{x^2+2}+\sqrt{2}}\right|+C$

26 (1) $x-\log(e^x+1)+C$ (2) $\frac{1}{2}\log\left|\frac{e^x-1}{e^x+1}\right|+C$

27 (1) $f(x)=x^3-2x$ (2) $f(x)=x^3-2x+1$

3.2 節 **28** (1) $-\frac{1}{6}$ (2) 1 (3) $\frac{1}{2}(e^2-1)$ (4) $\frac{14}{3}$ (5) $\log 3$

29 (1) $\frac{1}{2}\log\frac{3}{2}$ (2) $\frac{\pi}{8}$ (3) $\frac{\pi}{6}$ (4) $\log(1+\sqrt{2})$ (5) $\sqrt{3}-1$

30 (1) $\frac{5}{2}$ (2) $\frac{8}{3}$ (3) 4

31 (1) $\sin x^2$ (2) $\sin a^2$

32 (1) 1 (2) $\frac{7}{3}$ (3) $e(e-1)$ (4) $\frac{7}{72}$ (5) $e-1$ (6) $\log 2$

(7) $2(\sqrt{e+1}-\sqrt{2})$

33 (1) $\frac{40}{99}$ (2) 0

34 (1) $\frac{1}{4}(e^2+1)$ (2) $\frac{\pi}{2}-1$ (3) $1-\frac{2}{e}$ (4) $-\frac{\pi}{2}$

35 (1) $-\frac{32}{3}$ (2) $\frac{1}{12}$ (3) $-\frac{243}{20}$

36 証明略（ヒント：2 回部分積分して，$I(a)$ や $J(a)$ の方程式を作る．）

37 (1) $\frac{35}{256}\pi$ (2) $-\frac{16}{35}$ (3) $\frac{35}{128}\pi$ (4) $-\frac{32}{35}$

38 (1) $\log\frac{4}{3}$（$=2\log 2-\log 3$） (2) $\frac{\sqrt{3}}{9}\pi$ (3) $\frac{3}{2}\log 2+\frac{\pi}{4}$

(4) $\log(1+\sqrt{2})$ (5) $\frac{\pi}{6}$

39 (1) $\frac{1}{2}$（ヒント：$t=1+\sqrt{x}$ とおく）

(2) $\frac{44\sqrt{2}}{105}$（ヒント：$t=\sqrt{1-x}$ とおく）

40 (1) $2x-2\sin x$ (2) $\pi-2$ (3) $\frac{\pi^2}{4}-2$ (4) $2(e^2-1)$

(5) $\frac{\pi}{4}-\frac{1}{2}$ (6) $\frac{\pi}{12}-\frac{13}{90}$

41 (1) $\frac{\pi}{3}-\frac{\sqrt{3}}{4}$ (2) $\log(2+\sqrt{3})$ (3) $\frac{\sqrt{2}}{2}\log 3$ (4) 1

(5) $\frac{4}{3}$ (6) $\frac{4}{3}$ (7) $\frac{2}{3}$

42 (1) $\frac{1}{2}$ (2) $2(\sqrt{2}-1)$ (3) 2

43 (1) $\sqrt{2}$ (2) $\frac{\sqrt{2}}{2}$ (3) 2π (4) $\frac{\pi}{4}$

44 証明略 $\Bigl($ヒント：$x=\pi-t$ と置換して, $\displaystyle\int_{\frac{\pi}{2}}^{\pi}\sin^n x\,dx$ を計算する．$\sin(\pi-t)=\sin t$ に注意する．$\Bigr)$

45 (1) e^x (2) $\cos x$ (3) $e^x(\sin x-\cos x+1)$

46 $\frac{3}{e^2}-1$

3.3 節 **47** (1) $\frac{4}{3}$ (2) $\frac{2}{3}$ (3) $e^2-\frac{1}{e}$ (4) $\frac{1}{2}$
(5) $\frac{4}{3}$ (6) $\log 2$

48 (1) $\frac{32}{3}$ (2) $\frac{1}{6}$ (3) $\frac{21}{2}-10\log\frac{5}{2}$ (4) $\frac{37}{12}$

49 (1) $1-\frac{1}{e}$ (2) 36 (3) $\frac{10}{3}$ (4) $\frac{\pi}{2}-1$

50 $\frac{16}{3}a^3$

51 (1) 21π (2) $\pi\log 3$ (3) $\frac{\pi}{2}\left(e^2-\frac{1}{e^2}\right)$ (4) $\frac{\pi^2}{4}$
(5) $\frac{9}{2}\pi$ (6) 6π (7) $\pi-\frac{\pi^2}{4}$ (8) $\frac{\pi}{6}$
(9) 24π (10) $\frac{136}{15}\pi$ (11) $\frac{\pi}{30}$ (12) $\frac{4}{3}\pi$

52 (1) $\frac{3}{2}\pi$ (2) $\frac{32}{3}\pi$ (3) $\frac{16}{3}\pi$ (4) $\frac{8}{3}\pi$ (5) $\frac{\pi^2}{4}$

53 (1) $\frac{38}{3}$ (2) $\frac{169}{24}$ (3) $\frac{\sqrt{2}}{2}+\frac{1}{2}\log(\sqrt{2}+1)$ (4) $\frac{25}{16}$

54 (1) $63\sqrt{10}\,\pi$ (2) $\frac{5\sqrt{5}-1}{6}\pi$

55 (1) $\frac{4}{3}$ (2) $\frac{125}{24}$ (3) $2(\log 3-1)$ (4) $\frac{\pi}{8}-\frac{1}{2}\log 2$

56 (1) e^2+1 (2) $\frac{8}{3}\pi-2\sqrt{3}$ (3) $\frac{5}{2}$ (4) $\frac{\sqrt{3}}{4}+\frac{\pi}{3}$
(5) $\log 2$ (6) 3π
$\Bigl($ヒント：(5) 面積を S とすると $S=\displaystyle\int_0^{\frac{\pi}{3}}\tan y\,dy$,
(6) x について解くと $x=-2y\pm\sqrt{3-y^2}$. $\Bigr)$

57 (1) $\frac{20}{3}\pi$ (2) $\frac{16}{3}\pi$ (3) $\left(\frac{\sqrt{3}}{4}+\frac{\pi}{6}\right)\pi$ (4) $24\pi^2$ (5) $\frac{\pi}{15}a^3$
(6) $\frac{3e^4+1}{4}\pi$ (7) $\frac{\pi}{16}(4\pi+9\sqrt{3})$

58 (1) $\frac{32\sqrt{2}}{15}\pi$ (2) $\left(\frac{3}{2}+2\log 2\right)\pi$ (3) $\frac{16}{3}\pi$ (4) $\frac{47}{96}\pi$
(5) $\frac{2}{3}\pi(11+10\sqrt{3}\,\pi)$ (6) 2π

59 (1) $2\left(\log 2-\frac{1}{3}\right)$ (2) $\frac{63}{8}$ (3) $2(\sqrt{5}-\sqrt{3})+\log\frac{2+\sqrt{5}}{2+\sqrt{3}}$
(4) $\log(\sqrt{2}+1)$

60 (1) $2\pi r(b-a)$ (2) $\frac{\pi}{4}(e^2+4-e^{-2})$
(3) $\frac{259}{72}\pi$ (4) $\frac{10\sqrt{10}-1}{27}\pi$

(5) $\pi\left\{\sqrt{2}+\log(1+\sqrt{2})\right\}$ (6) $4\pi(\pi+2)$

61 (1) $-\frac{(\beta-\alpha)^3}{6}$ (2) $\frac{5\sqrt{5}}{6}$ (3) $\frac{40}{27}\sqrt{10}$

62 108

63 (1) $6\log 3-\frac{16}{3}$ (2) $\frac{256}{27}\pi$ (3) $\frac{32}{9}\pi$

64 $S=\frac{8}{15}$, $V=\frac{\pi}{12}$

65 $a=\frac{\pi}{3}$

66 64

67 $8\sqrt{3}$

68 (1) $\left(\frac{\pi}{4},\ 1\right)$ (2) $\frac{\pi(\pi-1)}{2}$

69 $a=\frac{256}{49}$

70 2π

71 $\frac{2+\sqrt{2}\log(1+\sqrt{2})}{4}a$

72 $L=\frac{9}{8}a$, $S=\frac{27}{80}\sqrt{3}\pi a^2$

第4章

4.1節 **1** (1) $20x^3-6$ (2) $6(2x^2+2x+1)$ (3) $-\frac{1}{x^2}$

(4) $-4\sin 2x$ (5) $-2(\sin x^2+2x^2\cos x^2)$ (6) $\frac{2(1+2\sin^2 x)}{\cos^4 x}$

(7) $\frac{2}{(x+1)^3}$ (8) $-\frac{x}{(1-x^2)\sqrt{1-x^2}}$ (9) $\frac{x}{(4-x^2)\sqrt{4-x^2}}$

(10) $-\frac{2x}{(1+x^2)^2}$ (11) $-2e^{-x}\cos x$ (12) $\frac{x(2x^2-3)}{(x^2-1)\sqrt{x^2-1}}$

2 (1) $y'=5x^4-6x$, $y''=20x^3-6$, $y'''=60x^2$, $y^{(4)}=120x$, $y^{(5)}=120$, $y^{(n)}=0$ $(n \geqq 6)$

(2) $$y^{(n)}=\begin{cases}2^n\cos 2x & (n=1,5,\dots)\\ -2^n\sin 2x & (n=2,6,\dots)\\ -2^n\cos 2x & (n=3,7,\dots)\\ 2^n\sin 2x & (n=4,8,\dots)\end{cases}=2^n\sin\left(2x+\frac{n\pi}{2}\right)\quad(n\geqq 1)$$

(3) $$y^{(n)}=\begin{cases}-\sin x & (n=1,5,\dots)\\ -\cos x & (n=2,6,\dots)\\ \sin x & (n=3,7,\dots)\\ \cos x & (n=4,8,\dots)\end{cases}=\cos\left(x+\frac{n\pi}{2}\right)\quad(n\geqq 1)$$

(4) $y^{(n)}=\frac{(-1)^{n-1}(n-1)!}{x^n}$

(5) $y^{(n)}=\frac{(-2)^n}{e^{2x}}$

(6) $y^{(n)}=2^x(\log 2)^n$

3 (1) $y^{(n)}=2^{n-1}(2x+n)e^{2x}$

(2) $y^{(n)}=(-2)^{n-1}(-2x-2+n)e^{-2x}$

(3) $y^{(n)} = \begin{cases} \log x + 1 & (n = 1) \\ \frac{(-1)^{n-2}(n-2)!}{x^{n-1}} & (n \geqq 2) \end{cases}$

4 証明略 (ヒント：$x'' = -k\omega^2 \sin(\omega t + \theta)$ よりしたがう.)

(2) $x'(t) = \cos t$ (3) $x(t) = \sin t - 1$

5 (1) $c = 1$ (2) $c = \pm\frac{1}{\sqrt{3}}$ (3) $c = 2$ (4) $c = \frac{9}{4}$

6 (1) $f(x) = -x^2 + 3$

(2) $f(x) = \sin x - 2$

7 (1), (2) 証明略 (ヒント：左辺から右辺を引いた式を $f(x)$ とすると，$f(x)$ は閉区間 $[-1, 1]$ で連続，開区間 $(-1, 1)$ で微分可能で $f'(x) = 0$ であることを用いる．あるいは，逆三角関数の定義にしたがって示すこともできる.)

8 (1) 1 (2) $-\frac{3}{5}$ (3) -3 (4) 1 (5) 0 (6) 0

(7) $\frac{3}{2}$ (8) 0 (9) $-\frac{1}{2}$ (10) 0 (11) $\frac{1}{6}$ (12) $\log\frac{2}{3}$

9 (1)

x	$\cdots$	1	$\cdots$	2	$\cdots$	3	$\cdots$
y'	$-$	0	$+$	$+$	$+$	0	$-$
y''	$+$	$+$	$+$	0	$-$	$-$	$-$
y	↘	-2	↗	0	↗	2	↘

極大値 2 ($x = 3$)
極小値 -2 ($x = 1$)
変曲点 $(2, 0)$

(2)

x	$\cdots$	-1	$\cdots$	$-\frac{1}{\sqrt{3}}$	$\cdots$	0	$\cdots$	$\frac{1}{\sqrt{3}}$	$\cdots$	1	$\cdots$
y'	$-$	0	$+$	$+$	$+$	0	$-$	$-$	$-$	0	$+$
y''	$+$	$+$	$+$	0	$-$	$-$	$-$	0	$+$	$+$	$+$
y	↘	2	↗	$\frac{22}{9}$	↗	3	↘	$\frac{22}{9}$	↘	2	↗

極大値 3 ($x = 0$)，極小値 2 ($x = \pm 1$)
変曲点 $\left(\pm\frac{1}{\sqrt{3}}, \frac{22}{9}\right)$

(3)

x	$\cdots$	-1	$\cdots$	0	$\cdots$	1	$\cdots$
y'	$-$	$-$	$-$	0	$+$	$+$	$+$
y''	$-$	0	$+$	$+$	$+$	0	$-$
y	↘	$\log 2$	↘	0	↗	$\log 2$	↗

極大値はない
極小値 0 ($x = 0$)
変曲点 $(\pm 1, \log 2)$

(4)

x	0	$\cdots$	1	$\cdots$	e	$\cdots$
y'		$-$	0	$+$	$+$	$+$
y''		$+$	$+$	$+$	0	$-$
y		↘	0	↗	1	↗

極大値はない
極小値 0 ($x = 1$)
変曲点 $(e, 1)$

(5)

x	$\cdots$	$-\sqrt{3}$	$\cdots$	-1	$\cdots$	0	$\cdots$	1	$\cdots$	$\sqrt{3}$	$\cdots$
y'	$-$	$-$	$-$	0	$+$	$+$	$+$	0	$-$	$-$	$-$
y''	$-$	0	$+$	$+$	$+$	0	$-$	$-$	$-$	0	$+$
y	↘	$-\frac{\sqrt{3}}{4}$	↘	$-\frac{1}{2}$	↗	0	↗	$\frac{1}{2}$	↘	$\frac{\sqrt{3}}{4}$	↘

極大値 $\frac{1}{2}$ $(x=1)$，極小値 $-\frac{1}{2}$ $(x=-1)$

変曲点 $\left(\pm\sqrt{3}, \pm\frac{\sqrt{3}}{4}\right)$ （複号同順），$(0,0)$

(6)

x	$\cdots$	-2	$\cdots$	-1	$\cdots$
y'	$-$	$-$	$-$	0	$+$
y''	$-$	0	$+$	$+$	$+$
y	↘	$-\frac{2}{e^2}$	↘	$-\frac{1}{e}$	↗

極大値はない，極小値 $-\frac{1}{e}$ $(x=-1)$

変曲点 $\left(-2, -\frac{2}{e^2}\right)$

(7)

x	$\cdots$	0	$\cdots$	$2-\sqrt{2}$	$\cdots$	2	$\cdots$	$2+\sqrt{2}$	$\cdots$
y'	$-$	0	$+$	$+$	$+$	0	$-$	$-$	$-$
y''	$+$	$+$	$+$	0	$-$	$-$	$-$	0	$+$
y	↘	0	↗	$\frac{(2-\sqrt{2})^2}{e^{2-\sqrt{2}}}$	↗	$\frac{4}{e^2}$	↘	$\frac{(2+\sqrt{2})^2}{e^{2+\sqrt{2}}}$	↘

極大値 $\frac{4}{e^2}$ $(x=2)$，極小値 0 $(x=0)$

変曲点 $\left(2\pm\sqrt{2}, \frac{(2\pm\sqrt{2})^2}{e^{2\pm\sqrt{2}}}\right)$ （複号同順）

(8)

x	0	$\cdots$	$\frac{\pi}{3}$	$\cdots$	π	$\cdots$	$\frac{5}{3}\pi$	$\cdots$	2π
y'		$-$	0	$+$	$+$	$+$	0	$-$	
y''		$+$	$+$	$+$	0	$-$	$-$	$-$	
y	0	↘	$\frac{\pi}{3}-\sqrt{3}$	↗	π	↗	$\frac{5}{3}\pi+\sqrt{3}$	↘	2π

極大値 $\frac{5}{3}\pi+\sqrt{3}$ $\left(x=\frac{5}{3}\pi\right)$，極小値 $\frac{\pi}{3}-\sqrt{3}$ $\left(x=\frac{\pi}{3}\right)$

変曲点 (π, π)

9

(1)

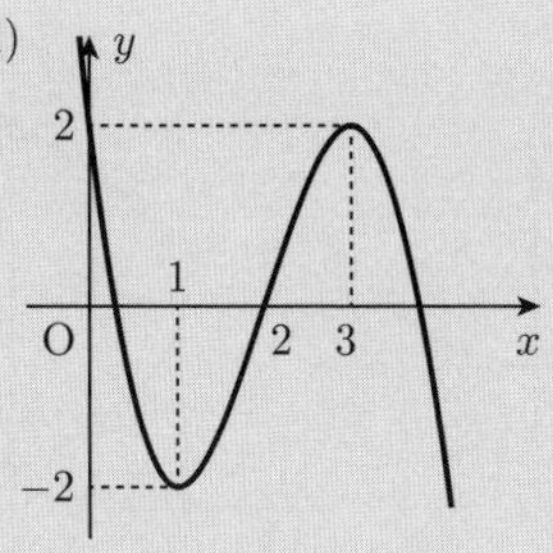
y
2
1
O
2 3
x
-2

(2)

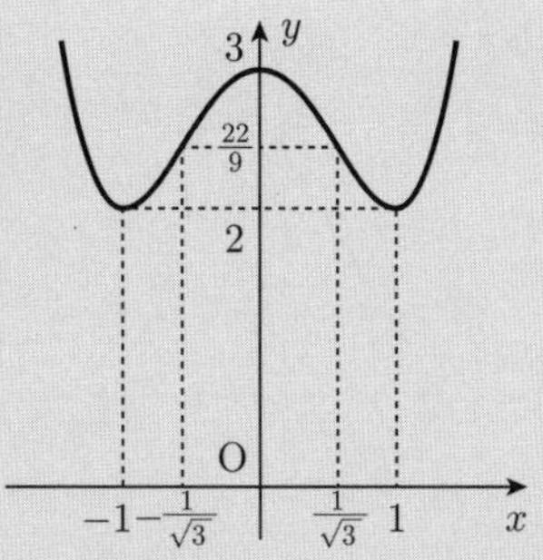
3
y
$\frac{22}{9}$
2
O
-1 $-\frac{1}{\sqrt{3}}$
$\frac{1}{\sqrt{3}}$ 1
x

(3)

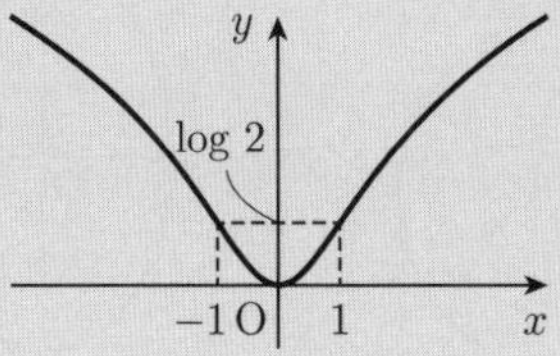
y
log 2
-1 O 1
x

(4)

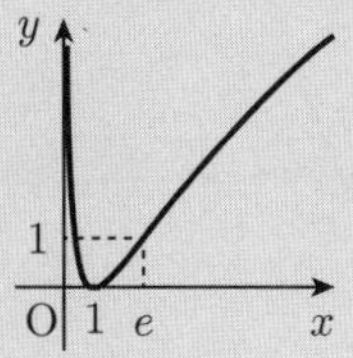
y
1
O 1 e
x

(5)

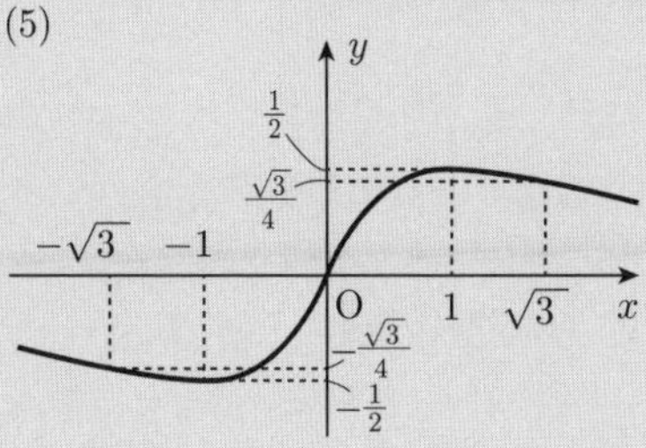
y
$\frac{1}{2}$
$\frac{\sqrt{3}}{4}$
$-\sqrt{3}$ -1
O 1 $\sqrt{3}$
x
$-\frac{\sqrt{3}}{4}$
$-\frac{1}{2}$

(6)

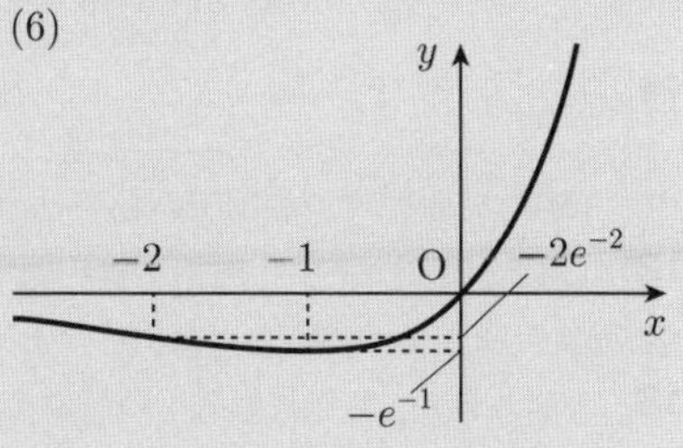
y
-2 -1 O
$-2e^{-2}$
x
$-e^{-1}$

(7)

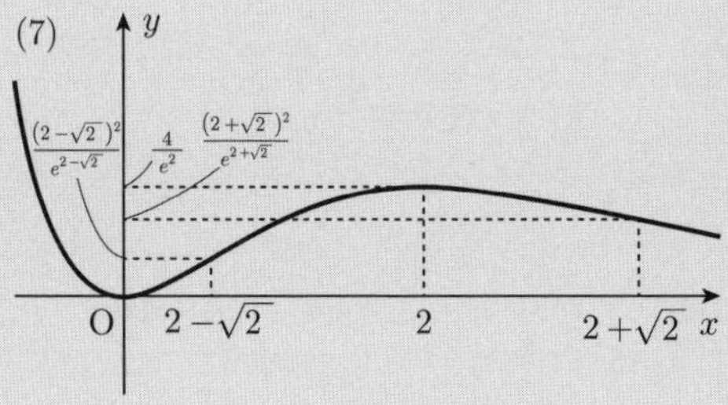
y
$\frac{(2-\sqrt{2})^2}{e^{2-\sqrt{2}}}$
$\frac{4}{e^2}$
$\frac{(2+\sqrt{2})^2}{e^{2+\sqrt{2}}}$
O $2-\sqrt{2}$ 2 $2+\sqrt{2}$ x

(8)

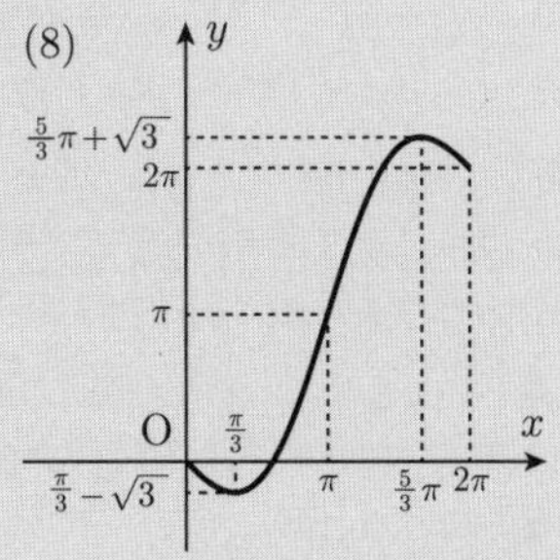
y
$\frac{5}{3}\pi+\sqrt{3}$
2π
π
O
x
$\frac{\pi}{3}$
$\frac{\pi}{3}-\sqrt{3}$
π $\frac{5}{3}\pi$ 2π

10

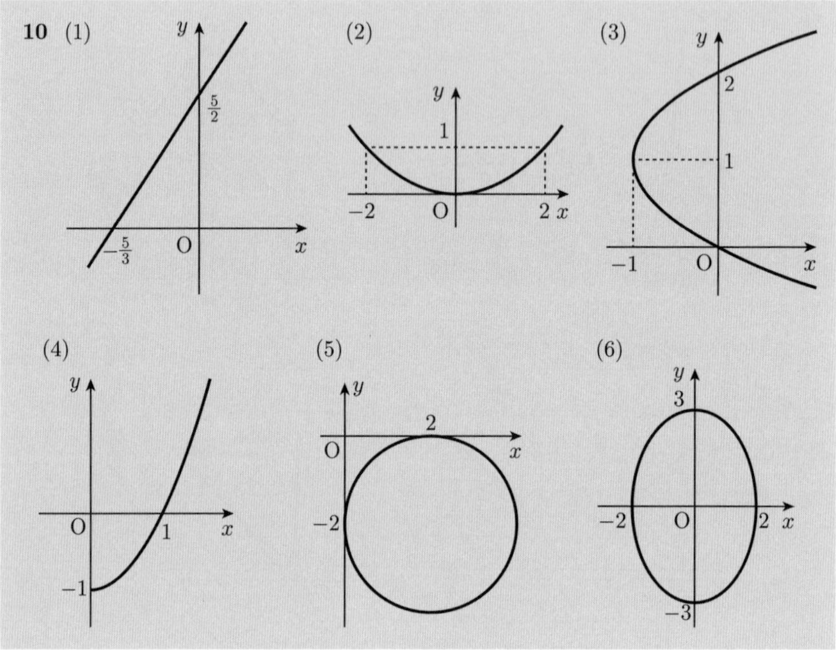

11 (1) 0 (2) $-t-2$ (3) $\frac{2(t+1)}{4t+1}$ (4) $2\left(t+\frac{1}{t}\right)$

(5) $\frac{t^2-1}{2t}$ (6) $\frac{2\sqrt{t^2+3t}}{(2t+3)(t+1)}$ (7) $\frac{\sin t}{1-\cos t}$ (8) $-\tan 2\pi t$

12 (1) $y=-x-1$ (2) $y=2x$ (3) $y=-x+\sqrt{2}+1$

(4) $y=-x+1$ (5) $y=2$ (6) $y=3(x-\sqrt{3}\,)$

13 1 次近似式，2 次近似式の順に示す．

(1) $1+\frac{1}{3}(x-1)$, $1+\frac{1}{3}(x-1)-\frac{1}{9}(x-1)^2$

(2) $\sqrt{3}+4\left(x-\frac{\pi}{3}\right)$, $\sqrt{3}+4\left(x-\frac{\pi}{3}\right)+4\sqrt{3}\left(x-\frac{\pi}{3}\right)^2$

(3) $e-e(x+1)$, $e-e(x+1)+\frac{3e}{2}(x+1)^2$

(4) $-\log 2+2\left(x-\frac{1}{2}\right)$, $-\log 2+2\left(x-\frac{1}{2}\right)-2\left(x-\frac{1}{2}\right)^2$

(5) $1-\frac{1}{2}x$, $1-\frac{1}{2}x+\frac{3}{8}x^2$

(6) $1-\frac{1}{2}x$, $1-\frac{1}{2}x+\frac{7}{8}x^2$

14 1 次近似式，2 次近似式の順に示す． (1) 0.2, 0.18 (2) 9.9, 9.8995

(3) 0.8748, 0.8746 (4) 2.0167, 2.0165

15 $124.34\,\mathrm{cm}^3$

16 (1) $2x-\frac{16}{3}x^3+R_4$ (2) $x^2+x^3+R_4$

(3)　$2+3x+2x^2+\frac{5}{6}x^3+R_4$

(4)　$e^2+2e^2(x-1)+3e^2(x-1)^2+\frac{10e^2}{3}(x-1)^3+R_4$

17　収束する範囲，和の順に示す．(1)　$|x|<2,\ \frac{6}{2-x}$　　(2)　$|x|<\frac{1}{2},\ \frac{1}{1+2x}$

(3)　$|x|<1,\ \frac{1}{1-x^2}$

18　(1)　$\sum_{n=0}^{\infty}\frac{(\log 2)^n}{n!}x^n$　　(2)　$\sum_{n=0}^{\infty}\frac{(-1)^n}{(2n+1)!}x^{2n+2}$　　(3)　$\sum_{n=0}^{\infty}(-2)^n x^n$

(4)　$\sum_{n=1}^{\infty}\frac{(-1)^{n-1}}{n}x^{2n}$　　(5)　$\sum_{n=1}^{\infty}\frac{2^{2n-1}}{(2n-1)!}x^{2n-1}$　　(6)　$1+\sum_{n=1}^{\infty}\frac{(-1)^n 2^{2n-1}}{(2n)!}x^{2n}$

19　(1)　$1+\sum_{n=1}^{\infty}\frac{(-1)^{n-1}}{ne^n}(x-e)^n$　　(2)　$\sum_{n=0}^{\infty}(-1)^n(x+\frac{1}{2})^n$

(3)　$\sum_{n=0}^{\infty}\frac{(-1)^n}{(2n)!}(x-\frac{\pi}{2})^{2n}$　　(4)　$2-(x-1)+3(x-1)^2+(x-1)^3$

20　(1)　$1+\sqrt{3}\,i$　　(2)　i　　(3)　$\sqrt{2}$　　(4)　i

21　(1)　$\frac{1}{2}-\frac{\sqrt{3}}{2}i$　　(2)　$\frac{1}{\sqrt{2}}-\frac{1}{\sqrt{2}}i$　　(3)　$-\frac{1}{2}+\frac{\sqrt{3}}{2}i$　　(4)　$-i$

22　(1)　$(-1)^n n!\left(\frac{1}{(x-2)^{n+1}}-\frac{1}{(x+1)^{n+1}}\right)$　　(2)　$(-1)^n n!\left(\frac{2}{(x-3)^{n+1}}+\frac{1}{(x+2)^{n+1}}\right)$

23

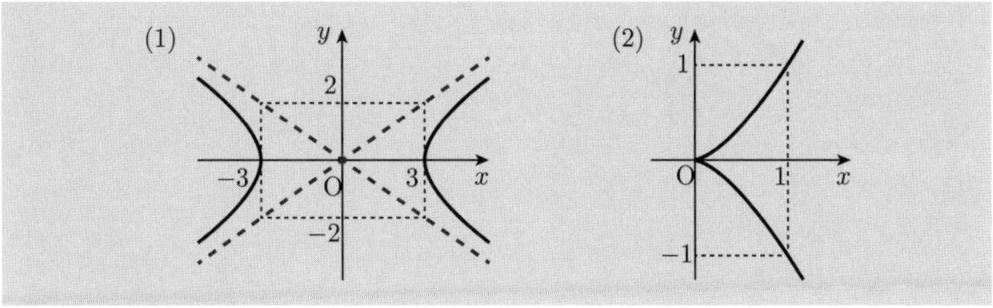

24　$\frac{dy}{dx},\ \frac{d^2y}{dx^2}$ の順に示す．

(1)　$\tan t,\ \frac{1}{t\cos^3 t}$　　(2)　$-\tan t,\ \frac{1}{3\cos^4 t\sin t}$

(3)　$\frac{1-t^2}{2t},\ -\frac{(t^2+1)^3}{8t^3}$　　(4)　$-\tan\frac{t}{2},\ \frac{1}{8\cos^3\frac{t}{2}\sin\frac{3}{2}t}$

25　$a=b=2$

26　(1)　$f^{(n)}(x)=e^x\{ax^2+2nax+an(n-1)+b\}$　$(n\geqq 1)$

(2)　$a(an-b)\geqq 0$

27　証明略（ヒント：(1) は $f(x)=\sin x, [a,b]$ に，(2) は $f(x)=\log x, [a,a+1]$ に平均値の定理を用いる．）

28　(1)　証明略（ヒント：$\lim_{x\to 0}f(x)=f(0)$ を示せばよい．）

(2)　証明略（ヒント：$f'(0)=\lim_{x\to 0}\frac{|x|-0}{x-0}$ が存在しないことを示せばよい．）

(3)　証明略（ヒント：$f'(c)=0$ となる c は開区間 $(-1,1)$ に存在しない．）

29 (1)

x	$\cdots$	0	$\cdots$	1	$\cdots$	2	$\cdots$
y'	$+$	0	$-$		$-$	0	$+$
y''	$-$	$-$	$-$		$+$	$+$	$+$
y	↗	-1	↘		↘	3	↗

極大値 -1 $(x = 0)$
極小値 3 $(x = 2)$
変曲点なし

(2)

x	$\cdots$	$-\frac{1}{\sqrt[3]{2}}$	$\cdots$	0	$\cdots$	1	$\cdots$
y'	$-$	0	$+$		$+$	$+$	$+$
y''	$+$	$+$	$+$		$-$	0	$+$
y	↘	$\frac{3}{\sqrt[3]{4}}$	↗		↗	0	↗

極大値はない
極小値 $\frac{3}{\sqrt[3]{4}}\left(x = -\frac{1}{\sqrt[3]{2}}\right)$
変曲点 $(1, 0)$

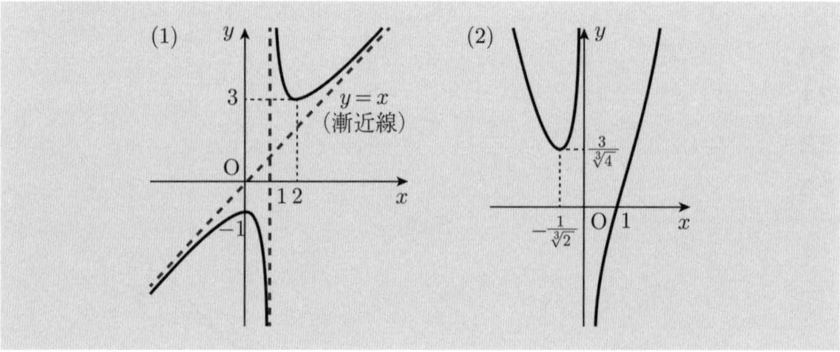

30 証明略 (ヒント：$y' = \frac{2\log x}{x}$ より，$xy' = 2\log x$ となる．両辺をライプニッツの公式を用いて，n 回微分すればよい．)

31 $y^{(n)}(0) = \begin{cases} 0 & (n = 2m) \\ (-1)^m(2m-1)^2(2m-3)^2\cdots 3^2\cdot 1^2\cdot 1 & (n = 2m+1) \end{cases}$

(ヒント：$(x^2+1)y'' = -xy'$ にライプニッツの公式を適用して両辺 n 回微分することで $(x^2+1)y^{(n+2)} + (2n+1)xy^{(n+1)} + n^2y^{(n)} = 0$ が得られ，この漸化式を利用すればよい．)

32 (1) 1 (2) 1 (3) $e^{-\frac{2}{\pi}}$

33 収束範囲，和の順で示す．

(1) $\frac{1-\sqrt{5}}{2} < x < \frac{1+\sqrt{5}}{2}$, $\frac{1}{x^2-x+1}$

(2) $x < -3$, $x > -1$, $\frac{2+x}{1+x}$

34 (1) $2x + x^2 - \frac{1}{3}x^3 - \frac{1}{6}x^4 + \frac{1}{60}x^5 + \cdots$

(2) $2 + x - x^2 - \frac{1}{2}x^3 + \frac{1}{12}x^4 + \frac{1}{24}x^5 + \cdots$

(3) $1 + x + \frac{1}{2}x^2 - \frac{1}{8}x^4 + \cdots$

(4) $1 + x + x^2 + \frac{5}{6}x^3 + \frac{2}{3}x^4 + \cdots$

35 (1) $1 + \frac{1}{2}x^2 + \frac{5}{24}x^4 + \cdots$

(2) $x+\frac{1}{3}x^3+\frac{2}{15}x^5+\cdots$　(3) $-\frac{1}{3}$

36 (1) $f'(x)=x^x(\log x+1)$, $f''(x)=x^x(\log x+1)^2+x^{x-1}$

(2) 証明略（ヒント：$y=x^x$ とおくと $\log y=x\log x$ である．ここで，$\lim\limits_{x\to+0}\log y=\lim\limits_{x\to+0}x\log x=0$ となり，$\lim\limits_{x\to+0}x^x=\lim\limits_{x\to+0}e^{\log y}$ であることからしたがう.）

(3)

x	0	$\cdots$	e^{-1}	$\cdots$
y'		$-$	0	$+$
y''		$+$	$+$	$+$
y	1	↘	$e^{-e^{-1}}$	↗

極大値はない
極小値 $e^{-e^{-1}}$ $(x=e^{-1})$
変曲点なし

グラフは以下に示す.

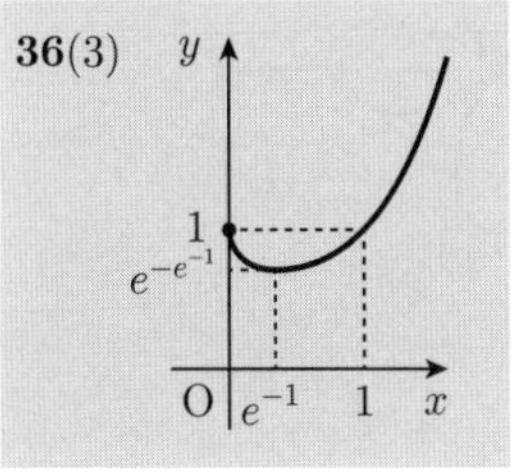

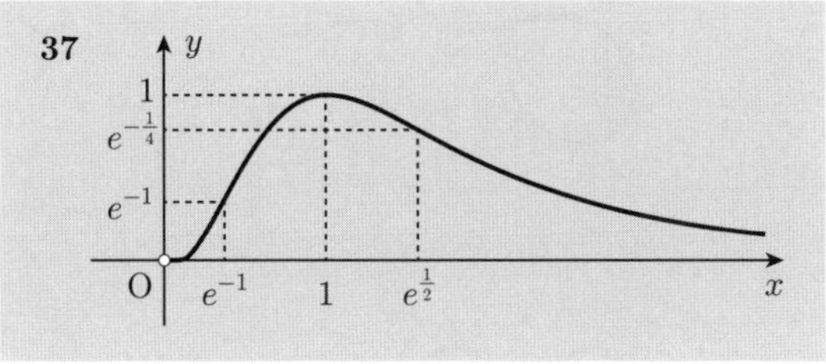

37 (1) $f'(x)=-\frac{2\log x}{xe^{(\log x)^2}}$, $f''(x)=\frac{2(\log x+1)(2\log x-1)}{x^2e^{(\log x)^2}}$

(2) $\lim\limits_{x\to+0}f(x)=\lim\limits_{x\to\infty}f(x)=0$

(3)

x	0	$\cdots$	e^{-1}	$\cdots$	1	$\cdots$	$e^{\frac{1}{2}}$	$\cdots$
y'		$+$	$+$	$+$	0	$-$	$-$	$-$
y''		$+$	0	$-$	$-$	$-$	0	$+$
y		↗	e^{-1}	↗	1	↘	$e^{-\frac{1}{4}}$	↘

極大値 1 $(x=1)$，極小値なし
変曲点 (e^{-1}, e^{-1}), $(e^{\frac{1}{2}}, e^{-\frac{1}{4}})$

グラフは上に示す.

4.2 節 **38** (1) $\frac{\pi ab}{2}$　(2) $\frac{2}{3}$　(3) $\frac{16}{3}$

39 (1) $\sqrt{2}(e^{\frac{\pi}{2}}-1)$　(2) $\frac{1}{4}\{2\sqrt{5}+\log(2+\sqrt{5})\}$　(3) $2\sqrt{2}-1$

40 V, S の順で示す，(1) $\frac{19}{3}\pi$, $5\sqrt{2}\pi$　(2) $\frac{\pi}{6}$, π

(3) $\frac{\pi}{2}$, $\frac{\pi}{6}(5\sqrt{5}-1)$

41 (1) $(2,\pi)$　(2) $\left(3, \frac{3}{2}\pi\right)$　(3) $\left(3\sqrt{2}, \frac{7}{4}\pi\right)$

(4) $\left(4, \frac{2}{3}\pi\right)$　(5) $\left(2\sqrt{3}, \frac{4}{3}\pi\right)$　(6) $\left(8, \frac{\pi}{6}\right)$

42 (1) $(0,-2)$　(2) $(-\sqrt{3},-1)$　(3) $(2\sqrt{2},-2\sqrt{2})$

(4) $(0, 3)$ (5) $(-\sqrt{3}, 3)$ (6) $(2\sqrt{3}, 2)$

43

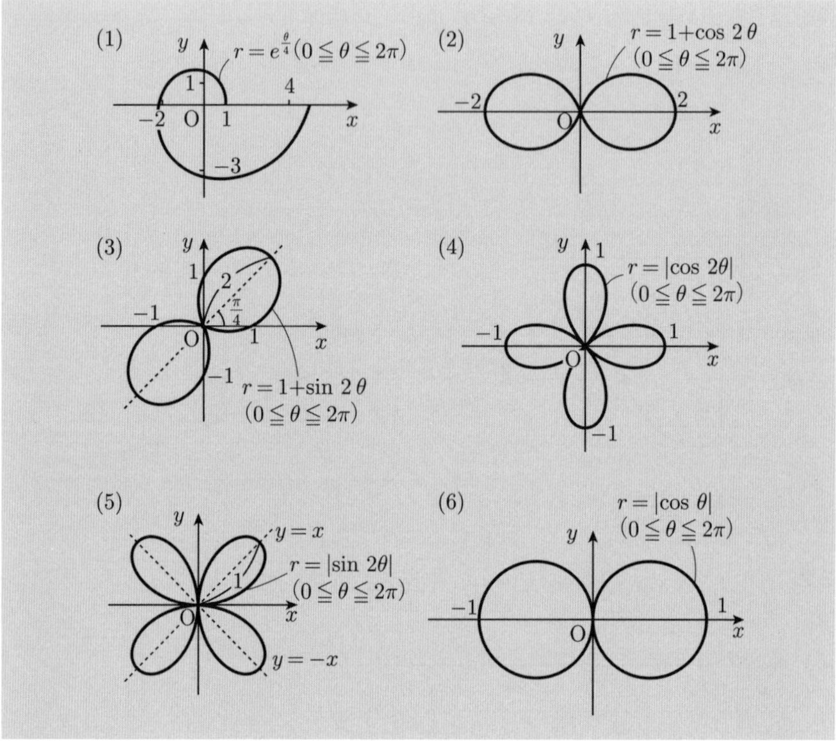

44 (1) $e^{\pi} - 1$ (2) $\frac{3}{2}\pi$ (3) $\frac{3}{8}\pi$

45 (1) $\sqrt{2}(e^{2\pi} - 1)$ (2) $8 - 4\sqrt{2}$ (3) $\frac{7}{12}\pi$

46 (1) $-\frac{1}{9}$ (2) $\frac{\pi}{2}$ (3) $\log(2 + \sqrt{3}\,)$ (4) ∞ に発散する

47 (1) 1 (2) $\frac{5}{4e^2}$ (3) $\frac{\pi}{4}$ (4) $\frac{1}{2}$

48 (1) 1 (2) 4 (3) 2

49 (1) $e - 1$ (2) $\log 2$ (3) 2

50 (1) 3.112 (2) 3.093 (3) 定積分の値 $e + \frac{1}{e}$，近似値 3.086

51 (1) 証明略（ヒント：$t \geqq 0$ のとき，$e^{-t} \leqq 1$ は明らかなので $e^{-t} \geqq 1 - t$ を示せばよい．ここで $f(t) = e^{-t} + t - 1$（$= e^{-t} - (1 - t)$）とおくとき，$f(t) \geqq 0$（$t \geqq 0$）を示せばよい．）

(2) 証明略（ヒント：(1) で $t = x^2$ を代入すればよい．）

(3) $\frac{1}{3}$

52 (1) 証明略（ヒント：$\sum_{n=1}^{\infty} \frac{1}{\sqrt[3]{n}} \geqq \int_1^{\infty} \frac{dx}{\sqrt[3]{x}}$ よりしたがう．）

(2) 証明略 (ヒント：$\sum_{n=1}^{\infty} \frac{1}{n^3} \leqq 1 + \int_1^{\infty} \frac{dx}{x^3} = \frac{3}{2}$ よりしたがう.)

53 (1) $r = 2$ (2) $r = 8\sin\theta$ $(0 \leqq \theta \leqq \pi)$

54 (1) 放物線 $y^2 = 1 - 2x$ (2) 楕円 $\frac{(x-2)^2}{16} + \frac{y^2}{12} = 1$

55 (1) $\frac{4}{3} - \frac{\pi}{2} + \log 2$ (2) $\frac{1}{2}$

56 (1) π (2) 16

57 (1) $\frac{32\pi}{105}a^3$ (2) $\frac{12\pi}{5}a^2$

58 (1) 図は下に示す. (2) $\pi + 3$

58(1)

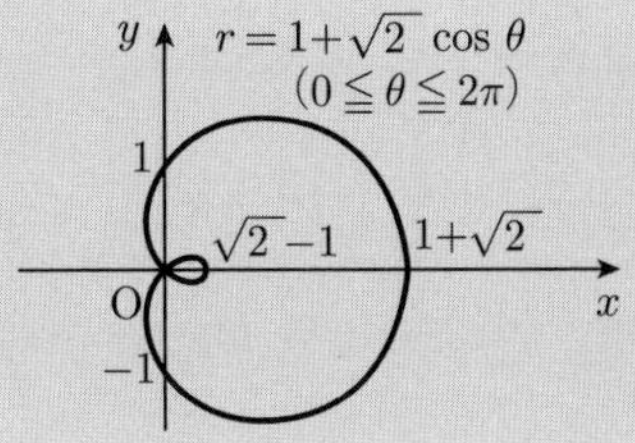

59 $\frac{8}{3}$

60 (1) $4\log 2 - 1$ (2) $3(\log 2)^{\frac{2}{3}}$

(3) $\frac{3\log 2}{7}$ (4) $\log 6$

61 (1) $\sqrt{\pi}$

(2) 証明略 (ヒント：$\Gamma(\alpha+1) = \int_0^{\infty} x^{\alpha}e^{-x}\,dx$ を部分積分すればよい.)

(3) (i) $(n-1)!$ (ii) 24 (iii) $\frac{105}{16}\sqrt{\pi}$ (iv) $\frac{3}{4}$

62 (1) $\frac{(\log\alpha)^{1-p}}{1-p}$ (2) $\frac{1}{(p-1)(\log\alpha)^{p-1}}$

63 (1) $x(t) = \frac{1}{2}\{1 + e^t(\sin t - \cos t)\}$

(2) $\left[\frac{1-e^{2\pi}}{2}, \frac{1+e^{\pi}}{2}\right]$ (3) $\frac{(1+e^{\pi})^2}{2}$

64 (1) $a < 3$ (2) 2 秒後に出会う. 点 Q が動いた道のりは 6

65 (1) 15.490 (2) $2e^2 + \frac{6}{e^2}$, 15.589

66 (1) $\frac{1}{2}$ (2) $\frac{3\sqrt{3}}{e}$ (ヒント：対数をとる.)

67 (1) 証明略 (ヒント：$f(x) = xe^{-x^2} - e^{-x^2}$ とおくとき $f(x) \geqq 0$ $(x \geqq 1)$ を示せばよい.)

(2) 証明略 (ヒント：$0 \leqq x \leqq 1$ のとき $e^{-x^2} \leqq 1$, $x \geqq 1$ のとき (1) より $xe^{-x^2} \geqq e^{-x^2}$ であるので

$$\int_0^{\infty} e^{-x^2}\,dx < \int_0^1 1\,dx + \int_1^{\infty} xe^{-x^2}\,dx$$

となることからしたがう.)

68　(1)　証明略（ヒント：$k \leqq x \leqq k+1$ のとき $\frac{1}{k} \geqq \frac{1}{x}$ $(k=1,\ldots,n)$ より

$$1+\frac{1}{2}+\frac{1}{3}+\cdots+\frac{1}{n} > \int_1^{n+1}\frac{dx}{x} \qquad \cdots①$$

さらに $k \leqq x \leqq k+1$ のとき $\frac{1}{k+1} \leqq \frac{1}{x}$ $(k=1,\ldots,n-1)$ より

$$\frac{1}{2}+\frac{1}{3}+\cdots+\frac{1}{n} < \int_1^{n}\frac{dx}{x} \qquad \cdots②$$

不等式は①, ②からしたがう.）

(2)　1

4.3 節　**69**　(1)　証明略（ヒント：$y=C_1e^{-x}+C_2e^{3x}$ が $y''-2y'-3y=0$ を満たすことを示せば，任意定数を 2 個含むので一般解となる.）

(2)　$y=e^{3x}$　　(3)　$y=e^{-x}$

70　C, C_1, C_2, C_3 は任意定数とする.　(1)　$y=x^2+C$

(2)　$y=C_1+C_2x$　　(3)　$y=C_1+C_2x-\sin x$

71　(1)　$y=e^{x^2}+1$　　(2)　$y=x^3+2$　　(3)　$y=x\sin x+\cos x$

72　C は任意定数とする.

(1)　$y=Ce^x$　　(2)　$y=-\log(C-x)$

(3)　$y=Ce^{x^2}$　　(4)　$y=\frac{1}{1+Ce^x}$　　(5)　$y=Ce^{\sqrt{(x^2-1)^3}}$

(6)　$y=\pm\sqrt{x^2+C}$

73　(1)　$y=2e^{3x}$　　(2)　$y=2e^{x^2}+1$　　(3)　$y=-x+2$

(4)　$y=\frac{1}{\cos x}$　　(5)　$y=e^{-x\cos x+\sin x}$　　(6)　$y=\frac{x^2}{x^2+1}$

74　C は任意定数とする.

(1)　$y=x^2+\frac{C}{x}$　　(2)　$y=e^{2x}+Ce^{-x}$

(3)　$y=\frac{-x\cos x+\sin x}{x}+\frac{C}{x}$　　(4)　$y=2x\log x-x+\frac{C}{x}$

75　(1)　$y=e^x+e^{-x}$　　(2)　$y=x^2+\frac{2}{x}$

(3)　$y=2x^2-2x+1-e^{-2x}$

(4)　$y=\cos x-\cos^2 x$

76　C_1, C_2 は任意定数とする.

(1)　$y=C_1e^{-4x}+C_2e^{-x}$

(2)　$y=C_1e^{2x}+C_2xe^{2x}$

(3)　$y=e^{-x}(C_1\cos 3x+C_2\sin 3x)$

(4)　$y=C_1e^{-x}+C_2$

(5)　$y=e^{-x}(C_1\cos\sqrt{2}\,x+C_2\sin\sqrt{2}\,x)$

(6)　$y=C_1\cos 3x+C_2\sin 3x$

77　(1)　$y=e^{3x}-e^{4x}$　　(2)　$y=2e^{-3x}+3xe^{-3x}$

(3)　$y=e^{-x}(2\cos x+\sin x)$　　(4)　$y=3\cos x-2\sin x$

(5)　$y=4-2e^{2x}$　　(6)　$y=3e^{-x}-2e^{-\frac{1}{2}x}$

78　C_1, C_2 は任意定数とする．

(1)　$y = C_1e^{-2x} + C_2e^{5x} - \frac{1}{2}e^{4x}$

(2)　$y = C_1e^{x} + C_2xe^{x} + \frac{1}{3}e^{4x} + 1$

(3)　$y = e^{x}(C_1\cos x + C_2\sin x) + x^2 + 4x + 3$

(4)　$y = C_1e^{-2x} + C_2 + x^2 + x$

(5)　$y = C_1e^{x} + C_2e^{-x} - x^3 - 6x + 1$

(6)　$y = C_1 + C_2x + e^{2x}$

79　C_1, C_2 は任意定数とする．

(1)　$y = C_1e^{x} + C_2e^{3x} + 2\cos x + \sin x$

(2)　$y = C_1\cos 2x + C_2\sin 2x + \cos x + 2\sin x$

(3)　$y = C_1e^{-2x} + C_2xe^{-2x} - \frac{4}{5}\cos x + \frac{3}{5}\sin x$

(4)　$y = e^{x}(C_1\cos 3x + C_2\sin 3x) + \frac{2}{5}e^{x}\sin 2x$

(5)　$y = C_1 + C_2e^{-3x} - \frac{2}{5}\cos x + \frac{1}{5}\sin x$

(6)　$y = C_1 + C_2x + \frac{1}{8}e^{2x}(\sin 2x - \cos 2x)$

80　C_1, C_2 は任意定数とする．　(1)　$y = C_1e^{2x} + C_2e^{3x} - 3xe^{2x}$

(2)　$y = C_1e^{3x} + C_2xe^{3x} + 2x^2e^{3x}$

(3)　$y = C_1\cos 2x + C_2\sin 2x - \frac{1}{4}x\cos 2x$

(4)　$y = e^{x}(C_1\cos x + C_2\sin x) - xe^{x}\cos x$

81　C は任意定数とする．　(1)　$y = \frac{1}{1+Ce^{x^2}}$　(2)　$\sin y = C(x-1)$

(3)　$(y-1)^3 = (\log x)^3 + C$

82　(1)　$y = e^{(\log x)^2+1}$　(2)　$2xy^3 = y^2 + 1$　(3)　$x^3y(y^2+3) = 4$

83　C は任意定数とする．　(1)　$x^2 + 2xy - y^2 = C$　(2)　$y = x + \frac{C}{x}$

84　(1)　$y = \frac{1}{2}(x^2-1)$　(2)　$y^3 + 3x^2y = 1$

85　C は任意定数とする．　(1)　$\frac{dP}{dt} = kP(A-P)$　(2)　$P = \frac{A}{1+Ce^{-kAt}}$

86　$\frac{1}{27}$

87　(1)　$\frac{dx}{dt} = -k(x-10)$ $(k > 0)$　(2)　$x(t) = 10 + 80e^{-kt}$　(3)　4 分後

88　(1)　証明略　(ヒント：$z' = (1-n)y^{-n}y'$ より，与式の両辺に $(1-n)y^{-n}$ を乗じると $(1-n)y^{-n}y' + P(x)(1-n)y^{1-n} = (1-n)Q(x)$ よりしたがう．)

(2)　$y^2 = \frac{2}{2x+1+Ce^{2x}}$　(C は任意定数)

(3)　$y = \frac{1}{x^2+2+Ce^{\frac{1}{2}x^2}}$　(C は任意定数)

89　C_1, C_2 は任意定数とする．

(1)　$y = C_1e^{x} + C_2e^{3x} + 3x + 4 - e^{2x}$

(2)　$y = e^{x}(C_1\cos x + C_2\sin x) + x^2 + 2x + 1 + e^{x}$

(3)　$y = C_1e^{x} + C_2xe^{x} + x^2 + 4x + 6 + \cos x$

(4)　$y = C_1e^{2x} + C_2xe^{2x} + x + 1 + x^2e^{2x}$

90　C_1, C_2 は任意定数とする．

(1) $\begin{cases} x = -C_1e^t + C_2e^{3t} \\ y = C_1e^t + C_2e^{3t} \end{cases}$ (2) $\begin{cases} x = -\frac{5}{3}t - \frac{10}{9} - \frac{1}{2}C_1e^{-3t} + 2C_2e^{2t} \\ y = -\frac{5}{3}t - \frac{5}{18} + C_1e^{-3t} + C_2e^{2t} \end{cases}$

91 C_1, C_2 は任意定数とする.

(1) $y = C_1x^{-1} + C_2x^3$

(2) $y = C_1x^2 + C_2x^2 \log|x|$

(3) $y = C_1x^{-1} + C_2x^3 - \frac{1}{4}x$

(4) $y = C_1x^2 + C_2x^2 \log|x| + \frac{1}{2}x^2(\log|x|)^2$

(5) $y = C_1x^2 + C_2x^3 + \frac{1}{2}x + \frac{1}{6}$

(6) $y = C_1x^3 + C_2x^3 \log|x| + \frac{1}{16}x^{-1}$

(7) $y = C_1x^3 + C_2x^4 + \frac{3}{2}x^2$

(8) $y = C_1 \cos(\log|x|) + C_2 \sin(\log|x|) + \frac{1}{10}x^3$

92 $y = 2(x-1)^2$

93 $xy^2 = 4$

第5章

5.1節 **1** (1) 定義域 xy 平面全体，値域 $z \geqq 1$

(2) 定義域 $x + y \neq 0$，値域 $z \neq 0$

(3) 定義域 $y < x^2$，値域 実数全体

2 平面 $x = a$ の切り口 $z = 1 - y^2$（上に凸な放物線），
平面 $y = b$ の切り口 $z = 1 - b^2$（x 軸に平行な直線）

3 (1) 0 に収束 (2) 0 に収束

4 (1) 1 に収束 (2) 収束しない（発散する）

5 (1) 連続ではない (2) 連続

6 $c = 1$

7 $f(0,0) = 0$

5.2節 **8** (1) $\frac{\partial z}{\partial x} = -y \sin xy$, $\frac{\partial z}{\partial y} = -x \cos xy$

(2) $\frac{\partial z}{\partial x} = \sin y$, $\frac{\partial z}{\partial y} = x \cos y$

(3) $\frac{\partial z}{\partial x} = (2x - y)e^{\frac{y}{x}}$, $\frac{\partial z}{\partial y} = xe^{\frac{y}{x}}$

(4) $\frac{\partial z}{\partial x} = \frac{y(y^2-x^2)}{(x^2+y^2)^2}$, $\frac{\partial z}{\partial y} = \frac{x(x^2-y^2)}{(x^2+y^2)^2}$

(5) $\frac{\partial z}{\partial x} = 0$, $\frac{\partial z}{\partial y} = 0$

9 $f_x(2,1) = \frac{1}{2}$, $f_y(2,1) = -\frac{1}{2}$

10 $\frac{\partial f}{\partial x} = 2x - 5y^2$, $\frac{\partial f}{\partial y} = -10xy + 6y$，$f_x(3,2) = -14$，$f_y(3,2) = -48$

11 (1) 証明略（ヒント：$\lim_{(x,y)\to(0,0)} f(x,y) = 0$ を示す.）

(2) $f_x(0,0) = 1$, $f_y(0,0) = 0$

(3) $f_x,\ f_y$ はともに原点で 連続ではない.

5.3 節 **12** $z_x = 2x\,f'(x^2+y^2),\ z_y = 2y\,f'(x^2+y^2)$

13 (1) $\frac{dz}{dt} = 2f_x(2t+1, 3-t) - f_y(2t+1, 3-t)$

(2) $\frac{dz}{dt} = 3t^2 f_x(t^3, 2t) + 2f_y(t^3, 2t)$

14 $\frac{dz}{dt} = e^t\cos(e^t)\cos(\log t) - \frac{1}{t}\sin(e^t)\sin(\log t)$

15 $z_s = 4s,\ z_t = 4t$

16 (1) $z_s = 2f_x(2s+3t, 4s+5t) + 4f_y(2s+3t, 4s+5t)$,

$z_t = 3f_x(2s+3t, 4s+5t) + 5f_y(2s+3t, 4s+5t)$

(2) $z_s = e^s\{f_x(e^s\cos t, e^s\sin t)\cos t + f_y(e^s\cos t, e^s\sin t)\sin t\}$,

$z_t = e^s\{-f_x(e^s\cos t, e^s\sin t)\sin t + f_y(e^s\cos t, e^s\sin t)\cos t\}$

17 証明略 （ヒント：例題 5.3 と同様に考えるとよい．また，普通に計算してもよい．）

18 (1) $\frac{\partial z}{\partial u} = \frac{-e^{-u}}{v}$ (2) $\frac{\partial u}{\partial x} = \frac{-y}{x^2}$

(3) $\frac{\partial z}{\partial x} = e^{-\frac{y}{x}}\left\{\frac{y}{x^2(x^2+y^2)} - \frac{2x}{(x^2+y^2)^2}\right\}$

19 $J = r$

5.4 節 **20** (1) $f_{xx} = 6x,\ f_{xy} = f_{yx} = 3,\ f_{yy} = 6y$

(2) $f_{xx} = 2,\ f_{xy} = f_{yx} = -\cos y,\ f_{yy} = -2\sin^2 y + x\sin y + 2\cos^2 y$

(3) $f_{xx} = 30x(x^3+y^2)^4 + 180x^4(x^3+y^2)^3,\ f_{xy} = f_{yx} = 120x^2y(x^3+y^2)^3$,

$f_{yy} = 10(x^3+y^2)^4 + 80y^2(x^3+y^2)^3$

(4) $f_{xx} = \frac{y^2}{(x^2+y^2)^{\frac{3}{2}}},\ f_{xy} = f_{yx} = \frac{-xy}{(x^2+y^2)^{\frac{3}{2}}},\ f_{yy} = \frac{x^2}{(x^2+y^2)^{\frac{3}{2}}}$

(5) $f_{xx} = -\frac{8}{9(2x+3y)^{\frac{5}{3}}},\ f_{xy} = f_{yx} = -\frac{4}{3(2x+3y)^{\frac{5}{3}}},\ f_{xx} = -\frac{2}{(2x+3y)^{\frac{5}{3}}}$

21 $h = x-a,\ k = y-b$ とする.

(1) $f(x,y) = 1 + 2h - k + \frac{1}{2}(3h^2 - 4hk + k^2) + R_3$

(2) $f(x,y) = \frac{1}{2} - \frac{h}{4} - \frac{k}{4} + \frac{1}{2}\left(\frac{1}{4}h^2 + \frac{1}{2}hk + \frac{1}{4}k^2\right) + R_3$

(3) $f(x,y) = 2h + 3k + \frac{1}{2}(-4h^2 - 12hk - 9k^2) + R_3$

22 $f_{xx} + f_{yy}$

23 $\left(\frac{\partial^2}{\partial x^2} + \frac{\partial}{\partial y^2}\right)\log(x^2+y^2) = 0$

24 $\frac{\partial z}{\partial x} = \frac{x}{1+x^2+y^2},\ \frac{\partial^2 z}{\partial x^2} + \frac{\partial^2 z}{\partial y^2} = \frac{2}{(1+x^2+y^2)^2}$

25 $\nabla f = \left(\frac{-x_1}{(x_1^2+x_2^2+x_3^2)^{\frac{3}{2}}}, \frac{-x_2}{(x_1^2+x_2^2+x_3^2)^{\frac{3}{2}}}, \frac{-x_3}{(x_1^2+x_2^2+x_3^2)^{\frac{3}{2}}}\right) = \frac{\boldsymbol{x}}{|\boldsymbol{x}|^3},\ \Delta f = 0$

26 $\frac{\partial z}{\partial x} = \frac{df}{dv}\frac{\partial g}{\partial x},\ \frac{\partial^2 z}{\partial x^2} = \frac{d^2 f}{dv^2}\left(\frac{\partial g}{\partial x}\right)^2 + \frac{df}{dv}\frac{\partial^2 g}{\partial x^2}$

27 $\frac{d^2 z}{dt^2} = f_x \cdot g'' + f_y \cdot h'' + f_{xx}(g')^2 + 2f_{xy} \cdot g' \cdot h' + f_{yy}(h')^2$

5.5 節 **28** $x + y + z = \sqrt{3}$

29 $9x + 9y - z = -8$

30 (1) $f_x(x, y) = 2xy^3$, $f_y(x, y) = 3x^2y^2$ (2) $4x + 12y - z = 16$

31 $\frac{x-2}{4} = \frac{y-3}{3} = \frac{z-1}{-1}$

32 接平面 $\frac{2x_0}{a^2}x + \frac{2y_0}{b^2}y = z + z_0$，法線 $\frac{a^2(x-x_0)}{2x_0} = \frac{b^2(y-y_0)}{2y_0} = \frac{z-z_0}{-1}$

33 $z_x = \frac{2x}{x^2+y^2}$, $z_y = \frac{2y}{x^2+y^2}$ より，$dz = \frac{2x}{x^2+y^2}\,dx + \frac{2y}{x^2+y^2}\,dy$

34 $\frac{2x}{y}\,dx - \frac{x^2}{y^2}\,dy$

35 (1) $(\frac{2}{3}, \frac{2}{3})$ (2) $\frac{4}{3}$

5.6 節 **36** (1) $(2, 0)$ (2) $(\frac{4}{3}, -\frac{2}{3})$，$(4, -2)$ (3) $\left(\pm\frac{1}{\sqrt{2}}, 0\right)$

37 (1) $H(x, y) = 4(ac - b^2)$ (2) $H(x, y) = -4(x-1)^2$

(3) $H(x, y) = -36x^2 + 12xy + 32y^2 + 12x - 24y - 12$

(4) $H(x, y) = \frac{4}{x^3y^3}$

38 ア ① イ ③

39 (1) ④ (2) ③

40 ④

41 ア 5 イ 2 ウ ④

42 (1) $\left(\frac{6}{7}, \frac{5}{7}\right)$ のとき極小値 $-\frac{8}{7}$ をとる．

(2) $(\pm 1, \pm 1)$（複号同順）のとき極小値 -1 となる．$(0, 0)$ のとき極値をとらない．

(3) $\left(\pm\frac{1}{\sqrt{2}}, \pm\frac{1}{\sqrt{2}}\right)$（複号同順）のとき極値をとらない．

(4) $(2, 0)$ のとき極小値 -4 をとる．

(5) $(0, 0)$ のとき極小値 0 をとる．$(-2, 0)$ のとき極値をとらない．

(6) $\left(\pm\frac{1}{2}, \pm\frac{1}{2}\right)$（複号同順）のとき極小値 $-\frac{1}{8}$ をとる．$\left(\pm\frac{1}{2}, \mp\frac{1}{2}\right)$（複号同順）のとき極大値 $\frac{1}{8}$ をとる．$(x, y) = (0, 0), (\pm 1, 0), (0, \pm 1)$ のとき極値をとらない．

(7) $(1, -1)$ のとき極小値 -1 をとる．$(0, 0)$ のとき極値をとらない．

43 (1) 停留点は $(0, 0), (\pm 1, 0)$．$(0, 0)$ のとき $H = -16 < 0$ より極値をとらない．$(\pm 1, 0)$ のとき $H = 64 > 0$，$f_{xx} = -8 < 0$ より極大値 1 をとる．

(2) 停留点は $\left(\pm\frac{1}{2}, \pm\frac{1}{2}\right)$（複号同順）．$\left(\frac{1}{2}, \frac{1}{2}\right)$ のとき $H = \frac{8}{e} > 0$，$f_{xx} = -\frac{3}{\sqrt{e}} < 0$ より極大値 $\frac{1}{\sqrt{e}}$ をとる．$\left(-\frac{1}{2}, -\frac{1}{2}\right)$ のとき $H = \frac{8}{e} > 0$，$f_{xx} = \frac{3}{\sqrt{e}} > 0$ より極小値 $-\frac{1}{\sqrt{e}}$ をとる．

(3) 停留点は $(0, -2), \left(0, \frac{2}{3}\right)$．$(0, -2)$ のとき $H = -16 < 0$ より極値をとらない．$\left(0, \frac{2}{3}\right)$ のとき $H = 16 > 0, f_{xx} = 2 > 0$ より極小値 $-\frac{40}{27}$ をとる．

5.7 節 **44** $F(x, y) = x^3 + y^3 - 4xy$ とおく．$F(2, 2) = 0$ かつ $F_y(2, 2) = 4 \neq 0$ より陰関数定理から点 $(2, 2)$ の近くで陰関数 $y = f(x)$ が存在する．$f'(2) = -\frac{F_x(2,2)}{F_y(2,2)} = -1$.

45 接線，法線の順に示す．

(1) $\sqrt{2}x - 2y + 4 = 0$, $2x + \sqrt{2}y + \sqrt{2} = 0$

(2) $x-y-2=0,\ x+y=0$

(3) $4x+y-9=0,\ x-4y+2=0$

(4) $x-\frac{1}{e}=0,\ y-1=0$

(5) $2x-y+1=0,\ x+2y-2=0$

(6) $(\sqrt{3}\pi+4)x+(\sqrt{3}\pi-3)y-\pi\left(\frac{5\sqrt{3}}{6}\pi+1\right)=0,$

$(\sqrt{3}\pi-3)x-(\sqrt{3}\pi+4)y+\frac{\pi}{6}(\sqrt{3}\pi-17)=0$

(7) $x-y=0,\ x+y-2e=0$

(8) $2x+y=0,\ x-2y-5=0$

46 証明略 $\Big($ヒント：$F(x,y)=\log\sqrt{x^2+y^2}-\tan^{-1}\frac{y}{x}$ とおく．$F(1,0)=0$ であり，さらに $F_y(x,y)=\frac{y-x}{x^2+y^2}$ より $F_y(1,0)=-1\neq 0$ となる．よって陰関数定理から点 $(1,0)$ の近くで陰関数 $y=f(x)$ が存在する．$\Big)$ $f'(1)=-\frac{F_x(1,0)}{F_y(1,0)}=1$

47 $x=0$ のとき極値は2つ存在し，$y=\frac{3}{2}$ は極小値，$y=-\frac{3}{2}$ は極大値となる．

5.8 節 **48** $x=y=z=a$ のとき，最大値 a^3

49 停留点は点 $\left(\frac{\pi}{3},\frac{\pi}{3}\right)$．このとき $H=\frac{9}{4}>0,\ f_{xx}=-\sqrt{3}<0$ より極大値 $\frac{3\sqrt{3}}{2}$ をとる．一方，境界上の最大値は $(x,y)=\left(\frac{\pi}{2},\frac{\pi}{4}\right),\left(\frac{\pi}{4},\frac{\pi}{2}\right)$ のとき $1+\sqrt{2}$ であり，$\frac{3\sqrt{3}}{2}$ より小さいので，$(x,y)=\left(\frac{\pi}{3},\frac{\pi}{3}\right)$ のとき，最大値 $\frac{3\sqrt{3}}{2}$ をとる．

50 (1) $(1,1),\ \left(-\frac{1}{3},\frac{1}{3}\right)$ (2) $\left(\frac{1}{5},\frac{2}{5}\right)$

(3) $(\pm\sqrt{2},\pm\sqrt{2})$（複号任意） (4) $(\pm 1,\pm 1)$（複号同順）

(5) $\left(\pm\frac{1}{\sqrt{2}},\pm\frac{1}{\sqrt{2}}\right)$（複号任意） (6) $\left(\frac{9}{16},\frac{1}{16}\right)$

51 (1) $(0,0)$ のとき最小値 0，$\left(\frac{3}{2},\frac{3}{2}\right)$ のとき最大値 $\frac{9}{2}$ をとる．

(2) $(\pm\sqrt{3},\mp\sqrt{3})$（複号同順）のとき最大値 6，$(\pm 1,\pm 1)$（複号同順）のとき最小値 2 をとる．

(3) $\left(\frac{1}{\sqrt{3}},-\frac{1}{2\sqrt{3}}\right)$ のとき最大値 $\frac{\sqrt{3}}{2}$，$\left(-\frac{1}{\sqrt{3}},\frac{1}{2\sqrt{3}}\right)$ のとき最小値 $-\frac{\sqrt{3}}{2}$ をとる．

52 (1) $(\pm 2\sqrt{2},\pm\sqrt{2})$（複号同順）のとき最大値 4，$(\pm 2\sqrt{2},\mp\sqrt{2})$（複号同順）のとき最小値 -4 をとる．

(2) $\left(\frac{24}{\sqrt{37}},\frac{2}{\sqrt{37}}\right)$ のとき最大値 $2\sqrt{37}$，$\left(-\frac{24}{\sqrt{37}},-\frac{2}{\sqrt{37}}\right)$ のとき最小値 $-2\sqrt{37}$ をとる．

(3) $(\pm 4,0)$ のとき最大値 16，$(0,0)$ のとき最小値 0 をとる．

53 正三角形のとき面積は最大となる．

$\Big($ヒント：3辺の長さを x,y,z とすると長さが一定であることから $x+y+z=2l$ とおける（l は正定数）．このとき面積 S はヘロンの公式より $S=\sqrt{l(l-x)(l-y)(l-z)}$．ただし $0\leqq x\leqq l,\ 0\leqq y\leqq l,\ 0\leqq z\leqq l$ に注意する．S の最大値，最小値を求めればよい．$z=2l-x-y$ より $f(x,y)=S^2=l(l-x)(l-y)(x+y-l)$ とおき，極値と境界での値を調べる．$(x,y,z)=\left(\frac{2}{3}l,\frac{2}{3}l,\frac{2}{3}l\right)$ で最大となるので．$\Big)$

54　3辺の長さが $\left(\frac{a}{\sqrt{3}}, \frac{b}{\sqrt{3}}, \frac{c}{\sqrt{3}}\right)$ で最大値 $\frac{8abc}{3\sqrt{3}}$ を得る.

$\Big($ヒント：D の境界上では $f(x,y)=0$ より，最大値とはならない．$f(x,y)$ の停留点は点 $\left(\frac{a}{\sqrt{3}}, \frac{b}{\sqrt{3}}\right)$．このとき $H>0$, $f_{xx}<0$ より，極大となるので．$\Big)$

55　点 $\left(\frac{1}{\sqrt{3}}, \pm\frac{1}{\sqrt{3}}, \pm\frac{1}{\sqrt{3}}\right)$, $\left(-\frac{1}{\sqrt{3}}, \pm\frac{1}{\sqrt{3}}, \mp\frac{1}{\sqrt{3}}\right)$（複号同順）で最大値 $\frac{1}{3\sqrt{3}}$ をとる.

$\left(\frac{1}{\sqrt{3}}, \pm\frac{1}{\sqrt{3}}, \mp\frac{1}{\sqrt{3}}\right)$, $\left(-\frac{1}{\sqrt{3}}, \pm\frac{1}{\sqrt{3}}, \pm\frac{1}{\sqrt{3}}\right)$（複号同順）で最小値 $-\frac{1}{3\sqrt{3}}$ をとる.

56　点 $\left(\frac{2}{21}, \frac{4}{21}, \frac{1}{21}\right)$ のとき最小値 $\frac{1}{21}$ をとる.

57　$x+2y-5=0$

58　$\left(\frac{b^2\alpha-ab\beta-ac}{a^2+b^2}, \frac{a^2\beta-ab\alpha-bc}{a^2+b^2}\right)$ のとき最小値 $\frac{|a\alpha+b\beta+c|}{\sqrt{a^2+b^2}}$ をとる.

5.9節　**59**　(1)　$y+\frac{1}{4}x^2=0$

(2)　$y\pm 2x=0$

(3)　$x^2+y^2=1$

(4)　$y=\pm 1$（$y=0$ は，特異点の集合なので包絡線ではない.）

60　両端 $(\alpha,0)$ と $(0,\beta)$ を結ぶ線分の長さを l（一定値）とすると，包絡線は $x^{\frac{2}{3}}+y^{\frac{2}{3}}=l^{\frac{2}{3}}$.

61　長軸と短軸の長さの和を $2l$ とするとき，$x^{\frac{2}{3}}+y^{\frac{2}{3}}=l^{\frac{2}{3}}$ となる.

（参考：$x^{\frac{2}{3}}+y^{\frac{2}{3}}=l^{\frac{2}{3}}$ はアステロイドと呼ばれる.）

62　曲線群は $x^2+(y-a)^2=4-a^2$ となり，包絡線は $x^2+\frac{1}{2}y^2=4$ となる.

第6章

6.1節　**1**　(1)　$\frac{166}{3}$　　(2)　$\frac{19}{12}$

2　(1)　$\displaystyle\int_0^2\left\{\int_0^3(x^2+y^2)\,dy\right\}dx$, 26

(2)　$\displaystyle\int_0^3\left\{\int_0^2(x^2+y^2)\,dx\right\}dy$, 26

3　(1)　2　　(2)　$-\frac{103}{12}$　　(3)　$4(e-1)$

(4)　$\frac{8}{15}(2\sqrt{2}-1)$　　(5)　2

4　$\displaystyle\iint_D\sqrt{a^2-x^2-y^2}\,dxdy$, $D=\{(x,y)\mid x^2+y^2\leqq a^2\}$

5　(1)　$\frac{13}{60}$　　(2)　9　　(3)　$\frac{3}{2}\log 2$

(4)　$\frac{\pi}{4}\log 2$　　(5)　$\frac{16}{3}$　　(6)　-2　　図は次ページに示す.

6　$L=1, M=-2x+2$

7　(1)　$\frac{1}{6}$　　(2)　$\frac{45}{4}$　　(3)　2　　図は次ページに示す.

5(1)

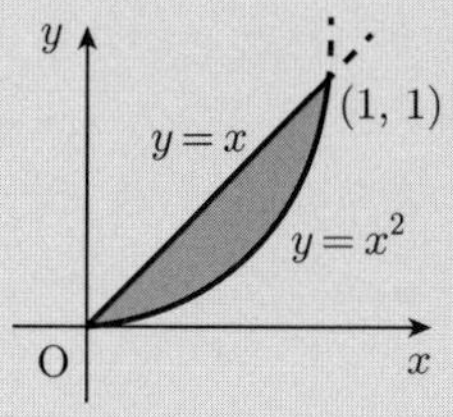

(2)

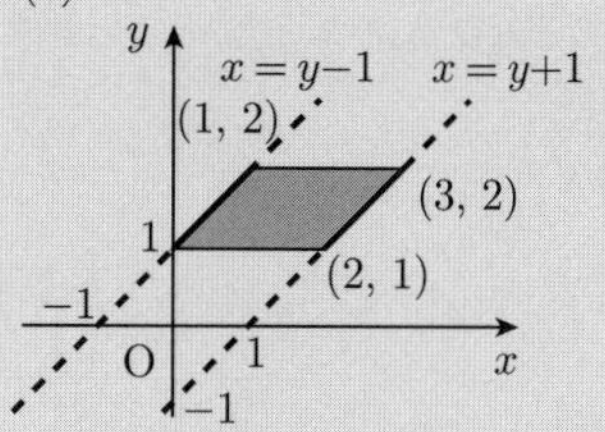

(3)

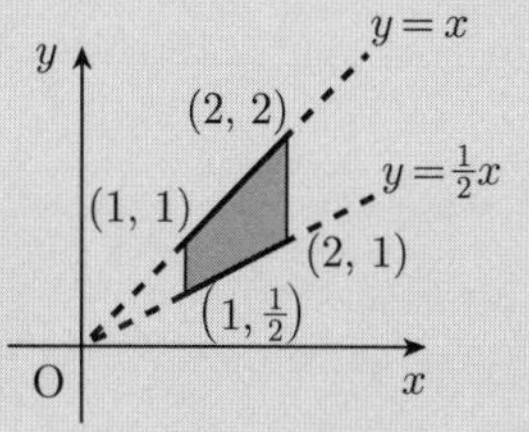

(4)

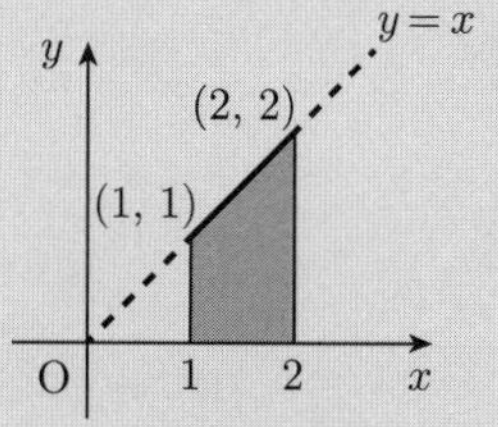

(5)

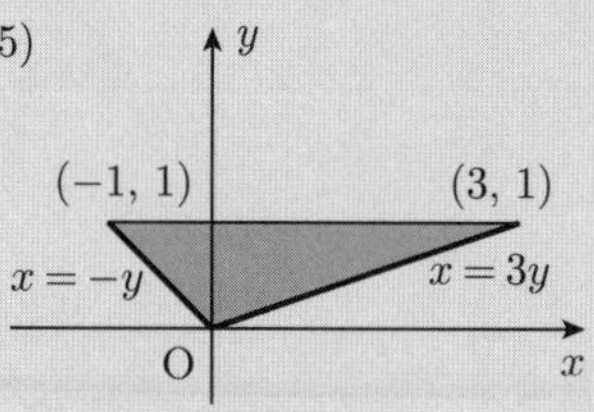

(6)

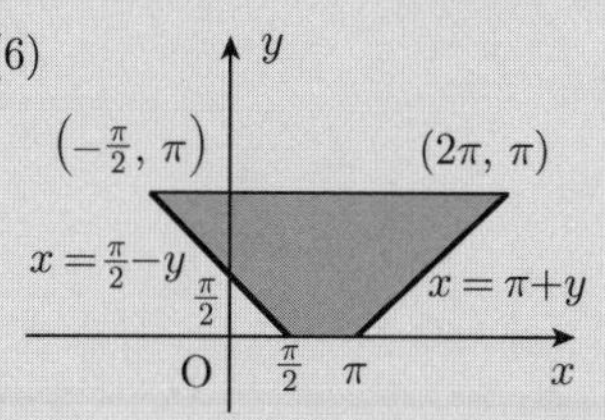

7(1)

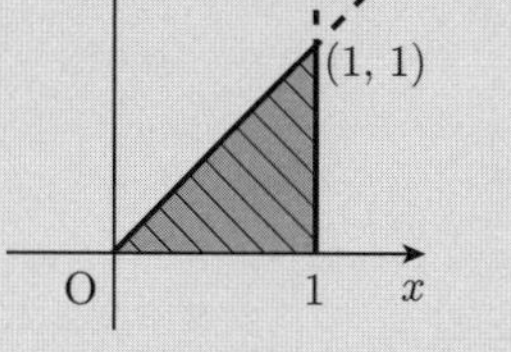

(2)

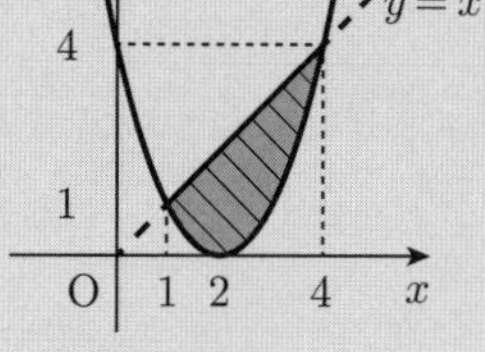

(3)

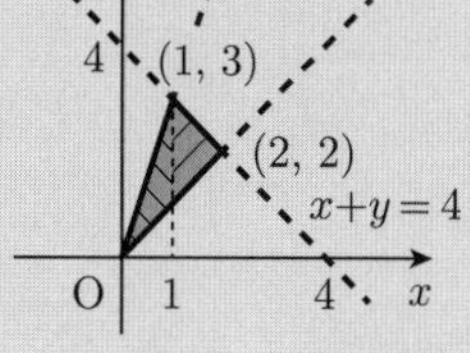

8 (1) $\displaystyle\int_0^1 \left\{ \int_y^{\sqrt{y}} f(x, y)\, dx \right\} dy$

(2) $\displaystyle\int_1^4 \left\{ \int_{\sqrt{y}}^2 f(x, y)\, dx \right\} dy$

(3) $\displaystyle\int_0^{\log 2} \left\{ \int_{e^y}^2 f(x, y)\, dx \right\} dy$

(4) $\displaystyle\int_{-1}^0 \left\{ \int_{-y}^1 f(x, y)\, dx \right\} dy + \int_0^3 \left\{ \int_{\frac{y}{3}}^1 f(x, y)\, dx \right\} dy$

(5) $\displaystyle\int_0^2 \left\{ \int_{x^2}^4 f(x, y)\, dy \right\} dx$

(6) $\displaystyle\int_0^{\frac{1}{3}} \left\{ \int_x^{3x} f(x, y)\, dy \right\} dx + \int_{\frac{1}{3}}^1 \left\{ \int_x^1 f(x, y)\, dy \right\} dx$

図は以下に示す.

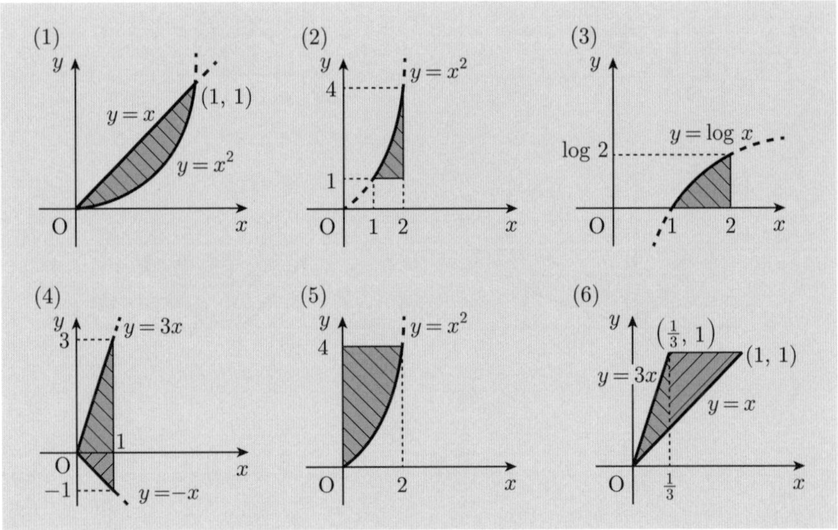

9 (1) $\displaystyle\int_0^1 \left\{ \int_0^y e^{-\frac{1}{2}y^2}\, dx \right\} dy,\ 1 - \frac{1}{\sqrt{e}}$

(2) $\displaystyle\int_0^1 \left\{ \int_{x^2}^x e^{\frac{3y}{x}}\, dy \right\} dx,\ \frac{1}{54}(5e^3 - 2)$

10 (1) $\displaystyle\iint_D f(x, y)\, dxdy,\ D = \{(x, y) \mid x \geqq 0, y \geqq 0, x + y \leqq 1\}$

(2) $\displaystyle\iint_D (-1 + \sqrt{4 - x^2 - y^2})\, dxdy,\ D = \{(x, y) \mid x^2 + y^2 \leqq 3\}$

11　(1)　-1　　(2)　$\frac{\sqrt{3}}{2}$　　(3)　$\frac{1}{6}$　　(4)　$\frac{8}{15}$　　(5)　$\frac{9}{2}$

図は以下に示す.

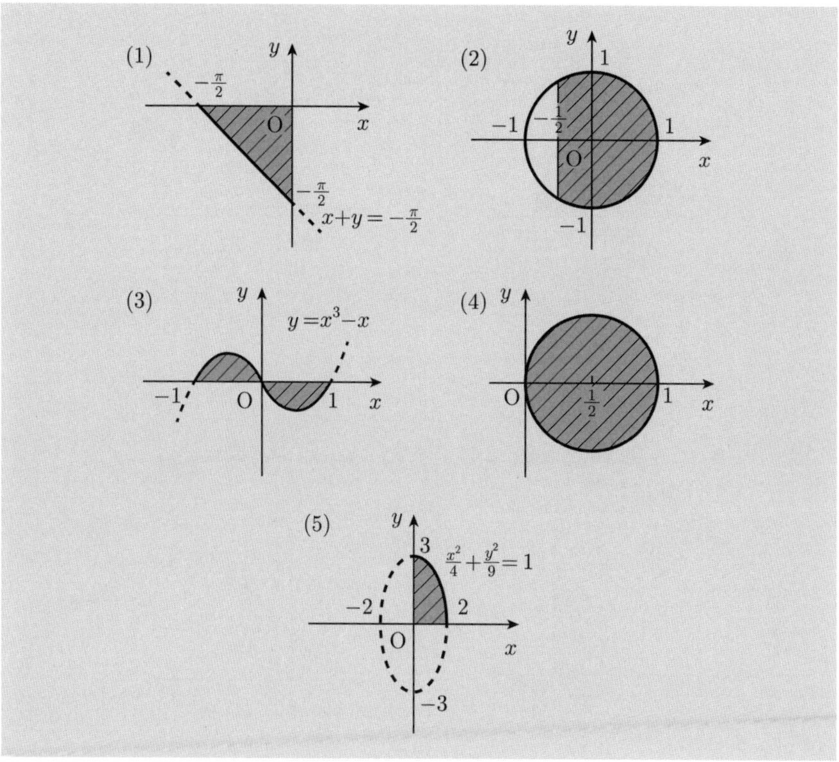

12　(1)　$A = 2, B = \sqrt{x}$

(2)　$A = x + 1, B = -\frac{1}{2}x + 1, C = y - 1, D = -2y + 2$

13　(1)　$\displaystyle\int_0^1 \left\{ \int_{-\sqrt{1-y}}^{\sqrt{1-y}} f(x,y)\,dx \right\} dy$

(2)　$\displaystyle\int_0^{pa} \left\{ \int_{\frac{1}{q}y}^{\frac{1}{p}y} f(x,y)\,dx \right\} dy + \int_{pa}^{qa} \left\{ \int_{\frac{1}{q}y}^{a} f(x,y)\,dx \right\} dy$

(3)　$\displaystyle\int_0^1 \left\{ \int_{\frac{1}{2}y}^{\sqrt{y}} f(x,y)\,dx \right\} dy + \int_1^2 \left\{ \int_{\frac{1}{2}y}^{1} f(x,y)\,dx \right\} dy$

(4)　$\displaystyle\int_0^1 \left\{ \int_0^{\sqrt{x}} f(x,y)\,dy \right\} dx + \int_1^4 \left\{ \int_0^{\frac{1}{3}(-x+4)} f(x,y)\,dy \right\} dx$

(5)　$\displaystyle\int_{-1}^0 \left\{ \int_{-1}^{y} f(x,y)\,dx \right\} dy + \int_0^2 \left\{ \int_{-1}^{0} f(x,y)\,dx \right\} dy + \int_2^3 \left\{ \int_{y-3}^{0} f(x,y)\,dx \right\} dy$

(6) $\displaystyle\int_0^1 \left\{ \int_{-\sqrt{y}}^0 f(x,y)\,dx \right\} dy + \int_1^3 \left\{ \int_{\frac{1}{3}(y-2)}^0 f(x,y)\,dx \right\} dy$

図は以下に示す.

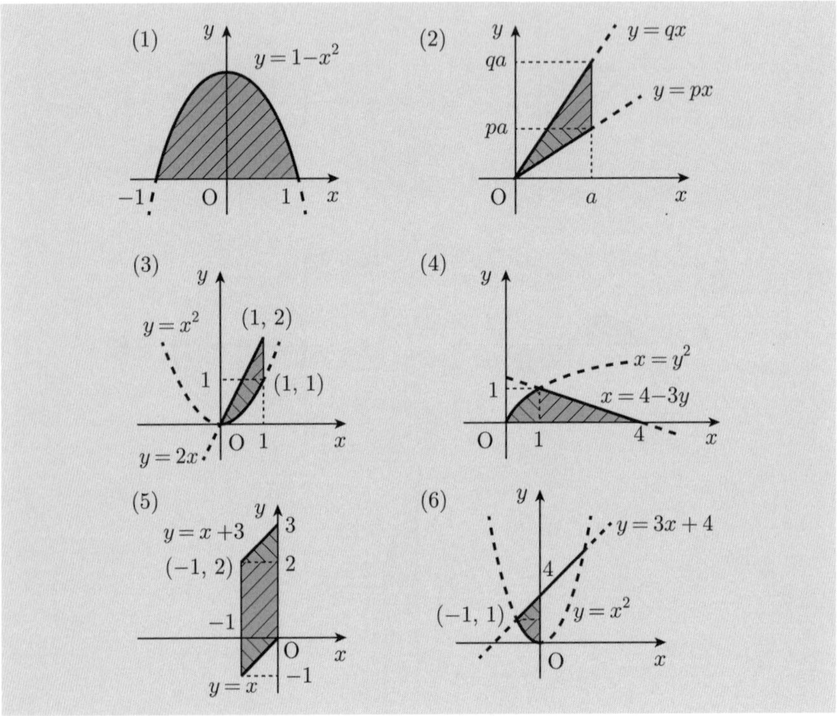

14 (1) $\displaystyle\int_0^{\sqrt{\pi}} \left\{ \int_0^y y^2 \cos(xy - y^2)\,dx \right\} dy,\ 1$

(2) $\displaystyle\int_0^1 \left\{ \int_0^x \tfrac{1}{1+x^2}\,dy \right\} dx,\ \tfrac{1}{2}\log 2$

15 (1), (2) 証明略 (ヒント：積分順序を変更することにより証明する.

(1) (左辺) $\displaystyle = \int_0^a \left\{ \int_x^a (y-x)^n f(x)\,dy \right\} dx$

(2) (左辺) $\displaystyle = \int_0^a \left\{ \int_{a-y}^a (a-x)^n f(y)\,dx \right\} dy$)

16 $a + 2b + 2c$ (ヒント：$\displaystyle\lim_{\substack{m\to\infty \\ n\to\infty}} \sum_{i=1}^m \sum_{j=1}^n \left(a\tfrac{i}{m} + b\tfrac{2j}{n} + c\right)\tfrac{1}{m}\tfrac{2}{n}$)

6.2 節 **17** (1) $\frac{\pi}{3}$ (2) $\frac{3\pi}{8}$ (3) $\frac{\pi}{4}ab(a^2+b^2)$ (4) 5

(5) $\frac{5\sqrt{5}}{3}\pi$. 図は以下に示す.

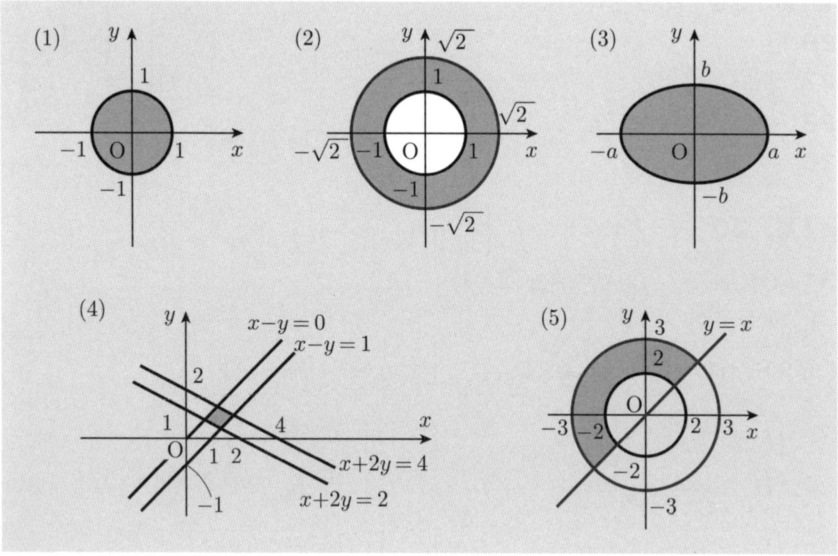

18 ③

19 $\frac{5\pi}{4}$. 図は下に示す.

20 $\frac{7}{4}\pi$. 図は下に示す.

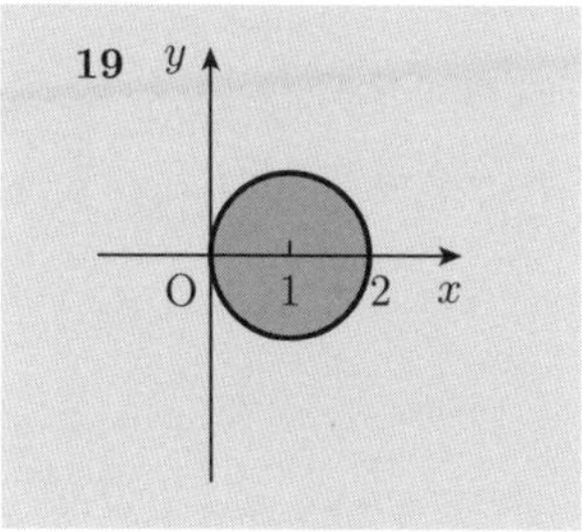

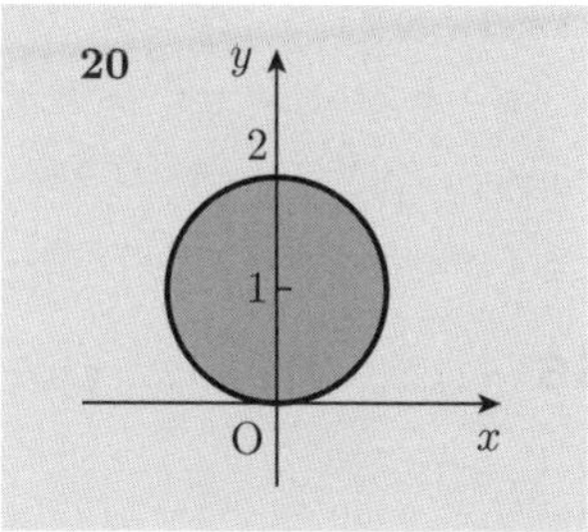

21 $\frac{8}{15}$

22 証明略 $\left(\right.$ヒント：$u=x,\ v=x+y$ とおくと $J=\frac{\partial(x,y)}{\partial(u,v)}=1$ となり，D は $u\geqq 0$, $v\leqq 1,\ v-u\geqq 0$ と表される.$\left.\right)$

23 $\frac{2b^2}{3a^2}$

24 (1) 図は右に示す.

(2) u (3) $\frac{\pi}{3}\log 2$

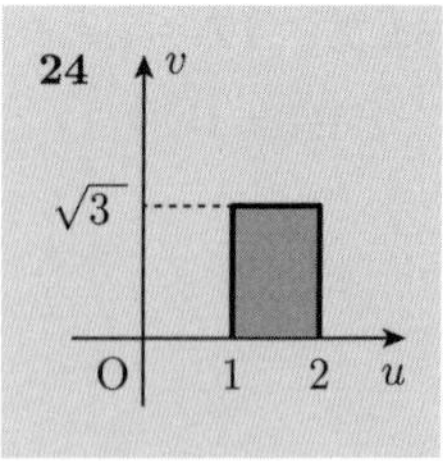

6.3 節 **25** $\frac{3b^4}{32a}\pi$

26 $\frac{1}{4}$

27 $\frac{2}{9}(3\pi-4)$

28 (1) $\frac{a^2+b^2}{4a^2b^2}\pi$ (2) $2\pi(\sqrt{2}-1)$

29 $\frac{16}{3}$

6.4 節 **30** 4π $\left(\text{ヒント}:2\displaystyle\int_0^1\left\{\int_0^2\frac{2}{\sqrt{1-x^2}}\,dz\right\}dx\right)$

31 (1) $8a^2$ (2) $\frac{2\pi ab}{3}(2\sqrt{2}-1)$

(3) $2a^2(\pi-2)$ (4) $\frac{6}{5}\pi$

(ヒント:(1) $2\displaystyle\iint_D\frac{a}{\sqrt{a^2-y^2}}\,dxdy,\ D=\{(x,y)\mid x^2+y^2\leqq a^2\}$

(2) $\displaystyle\iint_D\sqrt{1+\frac{x^2}{a^2}+\frac{y^2}{b^2}}\,dxdy,\qquad D=\left\{(x,y)\mid\frac{x^2}{a^2}+\frac{y^2}{b^2}\leqq 1\right\}$

(3) $2\displaystyle\iint_D\frac{a}{\sqrt{a^2-x^2-y^2}}\,dxdy,\qquad D=\left\{(x,y)\mid x^2+\left(y-\frac{1}{2}\right)^2\leqq\frac{a^2}{4}\right\}$

(4) $\displaystyle\iint_D(x^2+y^2)^{-\frac{1}{3}}\,dxdy,\qquad D=\{(x,y)\mid x^2+y^2\leqq 1\}$)

32 πa^2 $\left(\text{ヒント}:\displaystyle\iint_D\frac{a}{\sqrt{a^2-x^2-y^2}}\,dxdy\right)$

6.5 節 **33** (1) $\frac{1}{2}$ (2) 1

34 (1) $\log(1+\sqrt{2})$ (2) 2π

(3) $\frac{\pi}{4\sqrt{2}}$ (ヒント:(3) $x=r\cos\theta,\ y=\sqrt{2}r\sin\theta$ とおけ.)

35 (1) $a\neq 1$ のとき $\frac{\pi}{1-a}(R^{2(1-a)}-1)$, $a=1$ のとき $2\pi\log R$

(2) $0<a\leqq 1$ のとき ∞, $a>1$ のとき $\frac{\pi}{a-1}$

6.6 節 **36** (1) $\left(0,\frac{2}{5}\right)$ (2) $\left(\frac{1}{3},\frac{1}{3}\right)$

37 (1)

$$\overline{x}=\frac{\displaystyle\iint_D x\,dxdy}{\displaystyle\iint_D dxdy}=\frac{\displaystyle\int_a^b\left\{\int_0^{f(x)}x\,dy\right\}dx}{\displaystyle\int_a^b\left\{\int_0^{f(x)}dy\right\}dx}=\frac{\displaystyle\int_a^b\Big[xy\Big]_{y=0}^{y=f(x)}dx}{\displaystyle\int_a^b\Big[y\Big]_{y=0}^{y=f(x)}dx}$$

$$=\frac{\displaystyle\int_a^b xf(x)\,dx}{\displaystyle\int_a^b f(x)\,dx}$$

(2)　同様に $\overline{y} = \dfrac{\frac{1}{2}\displaystyle\int_a^b \{f(x)\}^2\,dx}{\displaystyle\int_a^b f(x)\,dx}$

(3)　$\left(\frac{3\sqrt[3]{e}-4}{\sqrt[3]{e}-1}, \frac{\sqrt[3]{e}+1}{4\sqrt[3]{e}}\right)$

38　$\left(\frac{4a}{3\pi}, \frac{4b}{3\pi}\right)$

39　(1)　証明略 $\Bigg($ヒント：平行移動 $\begin{cases} X = x + c \\ Y = y + d \end{cases}$ で領域 D と D' が 1 対 1 に対応すると仮定する．

ヤコビアンは 1 なので $\displaystyle\iint_{D'} dXdY = \iint_D dxdy$ であり，

$$\iint_{D'} X\,dXdY = \iint_D (x+c)\,dxdy = \iint_D x\,dxdy + c\iint_D dxdy$$

であることを用いよ．同様に $\overline{Y} = \overline{y} + d\Bigg)$

(2)　証明略 $\Bigg($ヒント：角 θ の回転 $\begin{cases} X = x\cos\theta - y\sin\theta \\ Y = x\sin\theta + y\cos\theta \end{cases}$ で領域 D と D' が 1 対 1 に対応すると仮定する．

ヤコビアンは

$$\begin{vmatrix} \cos\theta & -\sin\theta \\ \sin\theta & \cos\theta \end{vmatrix} = \cos^2\theta + \sin^2\theta = 1$$

なので $\displaystyle\iint_{D'} dXdY = \iint_D dxdy$ であることを用いよ．$\Bigg)$

40　$\left(\frac{a_1+a_2+a_3}{3}, \frac{b_1+b_2+b_3}{3}\right)$

$\Bigg($ヒント：問 39 より頂点が O$(0,0)$, A$(a,0)$, B(b,c) にあると仮定してよい．$(a>0,\ c>0,\ 0 \leqq b < a)$

(i)　$0 < b < a$ の場合

$$\iint_D dxdy = \int_0^b \left\{\int_0^{\frac{c}{b}x} dy\right\} dx + \int_b^a \left\{\int_0^{-\frac{c}{a-b}(x-a)} dy\right\} dx = \frac{ac}{2}$$

同様にして $\displaystyle\iint_D x\,dxdy = \frac{ac(a+b)}{6}, \iint_D y\,dxdy = \frac{ac^2}{6}$ となり $\overline{x} = \frac{1}{3}(a+b),\ \overline{y} = \frac{c}{3}$

(ii)　$b = 0$ の場合も同様に

$$\iint_D dxdy = \int_0^a \left\{\int_0^{c-\frac{c}{a}x} dy\right\} dx = \frac{ac}{2}$$

$\displaystyle\iint_D dxdy = \frac{a^2c}{6}, \iint_D dxdy = \frac{ac^2}{6}$ となり $\overline{x} = \frac{a}{3},\ \overline{y} = \frac{c}{3}\Bigg)$

執筆者（五十音順）

新《あら》井《い》　達《たつ》也《や》　筑波技術大学准教授

五《い》十《そ》川《がわ》　読《さとる》　熊本高等専門学校名誉教授

上《うえ》松《まつ》　和《かず》弘《ひろ》　鶴岡工業高等専門学校名誉教授

奥《おく》村《むら》　昌《しょう》司《じ》　舞鶴工業高等専門学校教授

友《とも》安《やす》　一《かず》夫《お》　都城工業高等専門学校教授

中《なか》村《むら》　元《げん》　松江工業高等専門学校名誉教授

西《にし》川《かわ》　雅《まさ》堂《たか》　鳥羽商船高等専門学校教授

濱《はま》田《だ》さやか　熊本高等専門学校准教授

南《みなみ》　貴《たか》之《ゆき》　香川高等専門学校教授

終わりに，次の先生方にはこの本の編集にあたり，有益なご意見や，周到なご校閲をいただいた．深く謝意を表したい．

校閲者（五十音順）

赤池　祐次　呉工業高等専門学校

川崎　雄貴　広島商船高等専門学校

佐野　照和　木更津工業高等専門学校

長尾　秀人　明石工業高等専門学校

松田　一秀　新居浜工業高等専門学校

向江　頼士　宮崎大学

カバー・表紙デザイン：KIS・小林　哲哉

監修者

河《かわ》東《ひがし》　泰《やす》之《ゆき》　東京大学大学院数理科学研究科教授　Ph.D.

編著者

佐《さ》々《さ》木《き》良《よし》勝《かつ》　近畿大学工学部准教授　博士（数理科学）

鈴《すず》木《き》　香《か》織《おり》　横浜国立大学経営学部准教授
博士（数理科学）

竹《たけ》縄《なわ》　知《とも》之《ゆき》　東京海洋大学学術研究院教授
博士（数理科学）

LIBRARY 工学基礎 & 高専 TEXT = CKM–E3

微分積分 問題集［第 2 版］

2014 年 11 月 10 日 ©	初　版　発　行
2023 年　3 月 10 日	初版第 7 刷発行
2023 年 10 月 25 日 ©	第　2　版　発　行

監修者　河東泰之　　　発行者　矢沢和俊
編著者　佐々木良勝　　印刷者　小宮山恒敏
　　　　鈴木香織
　　　　竹縄知之

【発行】　株式会社　数理工学社
〒151–0051　東京都渋谷区千駄ヶ谷 1 丁目 3 番 25 号
☎（03）5474–8661（代）　サイエンスビル

【発売】　株式会社　サイエンス社
〒151–0051　東京都渋谷区千駄ヶ谷 1 丁目 3 番 25 号
営業☎（03）5474–8500（代）　振替 00170–7–2387
FAX☎（03）5474–8900

印刷・製本　小宮山印刷工業（株）

≪検印省略≫

ISBN978–4–86481–103–3

PRINTED IN JAPAN

サイエンス社・数理工学社の
ホームページのご案内
https://www.saiensu.co.jp
ご意見・ご要望は
suuri@saiensu.co.jp まで．